儿童性格课

ERTONG XINGGE KE

王磊荣　王克乔◎编著

中国纺织出版社有限公司

内 容 提 要

好性格是一个人成长的积极推动力。一个人性格越好，社交能力越强，人际关系越融洽，收获的幸福感也越强。对于成长中的青少年来说，挖掘自己性格的潜能、运用性格优势可以影响生活的各个层面和人生走向。

本书从青少年朋友们如何认识和看透性格入手，探讨了性格对青少年朋友未来职业、婚姻、人际关系等各个方面的关系，帮助你逐步完善性格中不足的部分，最终踏上幸福的人生之路。

图书在版编目（CIP）数据

儿童性格课 / 王磊荣，王克乔编著. --北京：中国纺织出版社有限公司，2022.7

ISBN 978-7-5180-8515-6

Ⅰ. ①儿… Ⅱ. ①王… ②王… Ⅲ. ①性格—青少年读物 Ⅳ. ①B848.6-49

中国版本图书馆CIP数据核字（2021）第078065号

责任编辑：张 羽　　责任校对：高 涵　　责任印制：储志伟

中国纺织出版社有限公司出版发行

地址：北京市朝阳区百子湾东里A407号楼　邮政编码：100124

销售电话：010—67004422　传真：010—87155801

http://www.c-textilep.com

中国纺织出版社天猫旗舰店

官方微博 http://weibo.com/2119887771

三河市延风印装有限公司印刷　　各地新华书店经销

2022年7月第1版第1次印刷

开本：880×1230　1/32　印张：5

字数：108千字　定价：49.80元

前言

QIANYAN

生活中，人们在闲聊时，总会聊及一个话题：什么样的人最受欢迎？可能有人会认为外貌好看的人人缘好；有人会说，口才好的人人缘好；也有人说，能力强的人人缘好；也可能……但实际上，他们的回答都是肤浅的，任何一个人，获得良好人际关系的核心原因是好性格。

瑞士著名的心理学家荣格说，播下一种行动，你将收获一种习惯；播下一种习惯，你将收获一种性格；播下一种性格，你将收获一种命运。

我们不难发现，在我们生活的周围，有些人就是能得到众人的喜爱，他们“得道多助”，无论走到哪里，他们都有朋友，他们从不孤单；而有些人却四处遭人排挤，他们总是抱怨自己时运不济。这是为什么呢？

其实，决定一个人是否完美、是否幸福的，有一个非常重要的原因，那就是性格。性格是左右一个人一生生存状况、人际关系甚至是命运的重要因素和神秘力量。性格的好坏直接影响到一个人婚姻的美满、事业的顺利和生活的幸福。

对于成长中的青少年来说更是如此。性格会决定青少年一生的命运！我们不难想象，一个胆小怕事、总是躲在父母背后的少年能有什么大出息，一个遇事就知道推卸责任的少年又怎能担当重任，一个爱慕虚荣的女孩又怎么能赢得信任……每一个青少年都不想未来的自己会变成这样！

那么，一些青少年可能会问，好性格包含哪些部分呢？教育专家提出，一个优秀的青少年，应当是自信的、阳光的、善良的、宽容的、积极的、有所担当的……当然，一个优秀的少年应该具备的性格远不止这些。任何一个青少年不仅需要锻炼你的双手，去迎接未来生活的风风雨雨，还要锻炼肩膀，让它更有力量承担未来寄予自己的重担；不仅需要锻炼自己的勇气，更要锻炼自己的智慧……

只要你愿意，只要你真的能坚持下来，那么，假以时日，任何一个青少年朋友都可以自豪地拍着自己的胸脯大喊："我是一个性格好、受人欢迎的人！"当然，任何一个成长期的青少年，因为阅历的原因，个人的力量毕竟是有限的，要想尽快蜕变，你还要学会走捷径，这就是本书的任务所在。

本书中有很多关于青少年成长的故事，也有一些成功人士的经验总结，并且，它还结合实际，对青少年如何修炼自己的性格做了各方面的阐述，想必会对你有所帮助。

编著者

2021年12月

目录

MULU

第01章

接纳自我，用最真实的状态面对人生

你要记住，你是为了自己而活

人是群居动物，因此注定一生之中都要承受流言蜚语。这是因为当一个人做出特定的举动，就会有人对他品头论足，正所谓，谁人背后不说人，谁人背后无人说。当然，也有人说，谣言止于智者。每个人都是人生的主宰，虽然别人有对我们的人生品头论足的能力，甚至那些好为人师的人还忍不住对我们指手画脚，但是他们都无法决定和左右我们的人生。记住，我的人生我做主，我们没有必要为了别人而活。

现实生活中，偏偏有很多人特别爱面子，也总是为了得到他人的认可和赞赏，就轻而易举地改变自己，在做人方面盲目迎合他人，在做事情方面盲目跟风。殊不知，一个人即使再怎么变通，也不可能赢得所有人的满意，而盲目跟风的行为只会导致我们陷入成长的被动局面，人云亦云，邯郸学步，最终反而连自己原本走路的方式都忘记了。

人生短暂，每个人都要珍惜宝贵的生命时光，绝不要为了别人而活。其实，对于每个人来说，最大的成功就是活出自己的精彩，而不是活成别人的样子。在人生的旅程中，很多人都会遭到他人的议论和非议。如果自己问心无愧，就不要随意地因为他人的评价而改变自己。当然，当被别人误解和委屈的时候，每个人都难免生气，但是但丁告诉我们，走自己的路，让别人说去吧！既然改来改去也不可能让所有人满意，为何不做真实的自己呢？这样，至少还能活出独属于自己的精彩来！

张丹是一个特别没有主见的人，做事情总是优柔寡断，而且常常因为拿不定主意，做事情摇摆不定，最终白白失去机会。虽然已经吃过好几次这样的亏，但是张丹却没有从中吸取经验和教训，反而变得更加犹豫起来，对不值一提的小事也有选择恐惧症，生怕自己犯错。

有一段时间，公司里正在进行基层管理人员的选拔，张丹所在的店面，店长不想继续从事管理工作，而是希望把更多的时间用于家庭，为此，店长主动辞掉职务。这样一个非常成熟的店面，是很多想要得到晋升的人都梦寐以求的，张丹当然也眼馋。但是，他不敢向上级领导表达自己的想法，而是非常犹豫。这个时候，老店长鼓励张丹向上级领导毛遂自荐，张丹却迟迟不敢表态。等到一天之后，他终于鼓起勇气向上级领导毛遂自荐，上级领导却已经对店面有了安排。就这样，张丹错过了一次千载难逢的好机会。

实际上，张丹为何不敢毛遂自荐呢？就是因为他害怕给领导留下不好的印象，遭到领导的非议。其实，有些机会是转瞬即逝的，就像当年平原君要出使楚国，而毛遂抓住机会推荐自己一样。在此过程中，还应该尽力表现出自己的优势，为自己争取得到更多的胜算。

少年们，人是活给自己看的，如果总是因为顾及他人的想法或者评价，而陷入被动的局面之中，在应该当机立断下决定的时候，不能下决定，那么日久天长，拖延和迟疑就会成为糟糕的习惯，给人的生活和学习都带来严重的负面影响。当然，人也并非生而就很果断与自我的，最重要的是，要想办法激发自己的力量，从而才能不断地强大起来，也让自己变得更加有个性，更加有主见，这才是真正的成长。

不与自己较真，不要苛责自己

生活中，有的人习惯与自己较真，不断地苛责自己，他们最常用的方式就是把自己当焦点，注意自己的一言一行，好像有了一点点疏忽，自己就成了大罪人一样。他们不断地讨好身边所有的人一样，如果看见别人的眼光不一样了，他就开始内心恐惧，一种莫名的担心就来了：我是不是做得不够好?

实际上，生活中，每个人有每个人的生活方式和言语行为，根本没人在意你今天说了什么，做了什么，千万不要一厢情愿地把自己当成焦点。如果你觉得别人在观察你，那也是因为你太过敏感了，每天人们都有很多事情需要考虑，他们根本没有多余的时间和精力来观察你到底说了什么，做了什么，或者说哪些事情没做好。只要不是太大的事情，通常情况下人们是不会在意的，任何人都不会是大家的焦点，因为每个人的焦点就是他们自己。因此，不要苛责自己，如果在做事情过程中有了一点疏忽，不要自责，因为没人会在意。

小雨是店里新来的营业员，她是一个小心翼翼的女孩子，就连说一声“你好”都会微微点头，唯恐自己的言行让店长不满意。其实，对于这样一个谦和有礼的女孩子，店长是很喜欢的。

但小雨并不明白店长的心思，她每天都在担心自己的工作做得不够好，担心自己做错了事情。有一天，她在摆弄蛋糕的时候不小心手抖了一下，小蛋糕摔在了地上，小雨害怕得眼泪流了下来，店长急忙安慰：“没事，没事，一会让师傅重新做一个。”可小雨心里好像背上了一个沉重的包袱，总在担忧这件事：店长会不会因为这件事辞退我，我怎么这样笨呢，其他人工作总是做得那么好，可我……她越想越泄气，每天都忧心忡忡，接连着工作出现了很多纰漏，店长疑惑了，这样一个女孩子到底为什么烦心呢？

在店长的再三开导下，小雨才道出了自己的心结，店长听了有些哑然失笑：“这都是一些小事情，值得为这样的事情担心吗？工作中犯了一点小错，没有人会在意的，因为大家都在关注自己工作的事情，没有人会关注你。当初我当实习生的时候，犯下的错误更多，但我从来不担心，因为犯错了才能更好地改正错误，不是吗？”听了店长的话，小雨顿时觉得豁然开朗，自己并不是焦点，又何必需要去在意别人是怎么看的呢？

少年们，因为太在意别人的目光，我们的言行便会如履薄冰，心中好像揣着一个炸弹一样，随时准备着逃跑，这样整日忧心的日子有什么快乐可言呢？其实，将自己当成焦点，那不过是自己在与自己较真，实际上根本没人会在意自己的言行。

1.你不需要让所有的人都满意

大多数人都有这样的经历：上学的时候，父母总是指着隔壁的孩子说：“瞧瞧人家，成绩多优秀，你得向他看齐。”大学毕业了，父母长辈都说：“还是当个老师，或者考公务员，这才是铁饭碗，其他的都不是什么正当的工作。”工作的时候，上司总是告诉你这样不对，那样不对。

我们生活的目标，似乎都是在让所有的人都满意，而从来没有让自己满意过。我们要懂得这样一个道理：你不需要讨好所有的人，自己喜欢才是最重要的。

2.做自己喜欢的事情

什么是快乐？其实，快乐很简单，就是做自己喜欢的事情，如果我们太过在意别人的眼光，在这个过程中不自觉地将自己当成焦点，那只会让自己身心疲惫。因此，学会做自己喜欢的事情，享受自己生活的世界吧，因为没人会在意你做了什么。

每个少年都因缺点而更可爱

俗话说：“金无足赤，人无完人”，我们常常也以这样一句话来安慰身边有某些缺点的人，然而，面对我们自己，似乎就难以摆正心态了。有些人会因为自己的一些缺点而感到自卑，甚至一蹶不振。他们似乎看到了渺小而又满身缺点的自己，然后陷进自卑的漩涡。之所以出现这样的情况，是因为他们自身无法调整好心态，他们没发现，如果一个人足够自信而坦诚自己的缺点的话，那么，他会显得很可爱。

在一次盛大的招待宴会上，服务生倒酒时，不慎将酒洒到了坐在边上的一位宾客那光亮的秃头上。服务生吓得不知所措，在场的人也都目瞪口呆。而这位宾客却微笑着说：“老弟，你以为这种治疗方法会有效吗？”宴会中的人闻声大笑，尴尬场面即刻被打破了。

借助“自嘲”，这位宾客既展示了自己的大度胸怀，又维护了服务生的自尊。我们不免对其心生敬意。的确，能否接纳自己是衡量一个人心理状况是否积极和健康的一项重要指标。那些自信的人，通常心态积极健康，面对自身不足和缺点，他们都能坦然面对，这样的人通常在生活中也有很好的表现。

如果我们总是紧紧盯着自己的缺点，那么，这将会成为我们愉快生活的最大障碍。减轻自己的心理负荷，抛开一切得失成败，我们才会获得一份超然和自在，才能享受幸福、成功的人生。另外，我们会发现，那些高高在上、看似完美的人似乎没有什么朋友，人们也不愿意与之交往，这就是因为他们用完美给自己树立了一个高大形象，反而让人们敬而远之。

有研究表明，对于一个德才俱佳的人来说，适当地暴露自己一些小小的缺点，不但不会形象受损，反而会使人们更加喜欢他。这就是社会心理学中的“暴露缺点效应”。

那么，人们为什么会对那些有缺点的人有更多的好感呢？

首先，人们觉得他更真实，更好相处。试想，谁愿意和一个“完美”的人相处呢？那样只会让人觉得压抑、恐慌和自卑。

其次，人们觉得他更值得信任。众所周知，每个人都有缺点，坦诚自己的缺点可能会使人失望、难受一阵子，但经过这一“阵痛”之后，人们对他的缺点就会注意力下降，反而更多地注意他的优点，感受他的魅力。

与此相反，假如一个人为了给人们留下好印象，总是自觉地掩盖缺点，可能刚开始会让大家觉得他是个不错的人，可一旦缺点暴露后，就会使人们更加难以接受，并给人以虚伪的感觉。这正如一位先哲所说的那样：“一个人往往因为有些小小的缺点，而显得更加可敬可爱。”

生活中，作为领导和长辈的人们常常认为：在与下属或者晚辈交往中，应尽量向他们显示自己的优点，以使下属喜欢自己，从而使自己具有较高的威信。其实，这种想法是错误的，因为把自己装扮成“趋于完美的人”，会让对方有种“可敬而不可即”“可敬而不可爱”的感觉，认为这不是一个活生生的人，而只是一具毫无瑕疵又不带感情的躯体，从而降低对你的喜欢程度。

少年们，生活中，因为存在缺点而自卑的人，要学会这样调节心理：

1.发现自己的优点，增强自信心

每个人都不是完美的，有优点自然也有缺点，但我们不要一味地盯着自己的缺点看，这样只会让你灰心丧气。发现自己的优点，能帮助你培养自信心、锻炼自己的能力，在获得成就后，你会更有信心地生活。

2.率真自然，坦诚自己的感受

生活中，可能我们都被长辈教导，做人要低调，要追求完美和成熟。诚然，这是我们应该遵循的处世原则，但这并不意味着我们要压抑自己的喜怒哀乐。哈佛大学一位教授曾说过：“我每次都很紧张，因为我害怕被发现一些内心的感受，但被自己搞得很累，学生们也很累，我极力想表现自己完美的一面，争取做个‘完人’，但每次都适得其反。其实，打开自己的心扉，袒露真实的人性，会唤起学生真实的人性。在学生面前做一个自然的人，反而会更受尊重。”

的确，人无完人，追求完美固然是一种积极的人生态度，但如果过分追求完美，而又达不到完美，就必然心生忧虑和自卑，有点缺点反而让你更可爱。

打开你的心，不要为自己的人生设限

哲人曾说，每个人都可以成为展翅翱翔的雄鹰，重要的是，你不要在心里给自己设限，在心里给自己制造失败。

有一年，在一次农产品的展览会场上，有一个农夫展示了一个形状如同水瓶的南瓜，参观的人们见了无不啧啧称奇，追问农夫是用什么方法把这个南瓜培育成功的。农夫回答道："当南瓜只有拇指一般大的时候，我就把它装入水瓶里，一旦它渐渐长大，把瓶子内的空间都占满时，南瓜便会停止成长，这时，它就能够一直维持着在水瓶里面的那种形状了。"

就如同南瓜会受限在瓶子里不能自由生长一样，如果我们习惯了自我设限，那么我们的心就会失去向上生长的动力，只能在目前的高度上徘徊。

一位教授讲过这样一个故事：那是大学毕业生增多的一年，江涛作为众多学子之中的一员，被分配到一个偏远的水电站工作。

在这里，有内部食堂、有小卖部、有幼儿园……俨然生活在一个"与世隔绝"的小社会的人们，大多热衷于打麻将和讲一些蜚短流长的事儿，这让江涛觉得有些难以接受。与此同时，江涛喜欢看书、喜欢听古典音乐、喜欢看欧洲影片，而且每次进城都会买一些新书和碟片回来，这同样也让别的同事们感到不可理喻。

在有意与无意之间，江涛和大伙儿走得越来越远了。

绝望得快要发疯的江涛，无可奈何之下给远在大学教书的老师写了一封信，详细地讲述了自己的苦恼：在我生活的这个空间里，我与别人从内到外都不一样，周围的环境和事物的运行规律与我理解的也完全不同，我感到很无力，也不知该怎么办，我是否也要和他们一样……

很快地，老师回信了，信中讲了一个故事：

从前，有一只鹰蛋不小心落到了鸡窝里，被当成鸡孵了出来。从出生那天起，它就与鸡窝里的兄弟姐妹们不一样。它没有五彩斑斓的羽毛，不会用泥灰为自己洗澡，不会三啄两嘴就从土里刨出一只小虫来。矮小的鸡窝总是碰它的头，而鸡们总是笑它笨。它对自己失望极了，于是跑到一处悬崖，想跳下去，结束自己的生命。但它纵身跃下的时候，本能地展开翅膀，飞上云天，它这才发现，自己原本是一只鹰，鸡窝和虫子不属于它。它为自己曾因不是一只鸡而痛苦的往事感到羞愧……

你也不要因为自己是一只鹰而感到羞愧！

看了这封信，江涛的心中豁然开朗起来。从此之后，江涛不再因为大伙儿的不认同而痛苦绝望甚至是扭曲自己，而是埋头读自己的读书、做自己的事儿，并在两年后顺利考上了研究生。如今，江涛已经成为一家外企的经理了，而老师在信末尾的那句话，也成为他一生的座右铭。

少年们，不管处于什么样的困境中，都不要随便否定自己，如果你在心里给自己设限，那么就扼杀了自己的潜力和欲望！

很多人在面对看似困难的境遇或事情时，都会在心底听到这样的声音：我一定做不到的。我们的人生若是始终都保持这种逃避的心态，那么终将会为自己留下许多无法弥补的缺憾。正如丹麦哲学家齐克果曾经说："一旦一个人自我设限，并且一直认定自己就是个什么样的人时，他就是在否定自己，甚至他不会自我挑战，只想任由自己一直如此下去，而这终将导致自我毁灭。"

很多年前，在美国纽约的街头，有一位卖气球的小贩。每当他生意不好的时候，他就使用一个办法：向天空中放飞几只气球。这样，就会引来很多玩耍的小朋友的围观，他的生意就会好起来，有的小朋友还兴高采烈地买他那色彩艳丽的氢气球。

有一天，当他在街上重复这个动作时，他发现，在一大群围观的白人小孩子中间，有一位黑人小孩，用疑惑的眼光望着天空。他在望什么呢？小贩顺着黑人小孩的目光望去，他发现，天空中有一只黑色的气球。黑色，在黑人小孩的心中，代表着肮脏、怯弱和卑劣。

精明的小贩很快就看出了这个黑人小孩心思，他走上前去，用手轻轻地触摸着黑人小孩的头，微笑着说："小伙子，黑色气球能不能飞上天，在于它心中有没有想飞的那一口气，如果这口气够足，那它一定能飞上天空！”

我们常常认为人生有很多事情不是依靠自己的能力所能办到的，所以，我们往往连设立的目标都还来不及深思，便已经完全放弃了实现它们的念头，甚至还将那些事情当成是遥不可及的天真梦想。

事实上，少年们，只要你不对自我设限，挣脱困住自己的心理牢笼，冲出自我设限的牢笼，给予自己鼓励和信心，就能够成为翱翔人生天空的雄鹰，也能不断地让人生有更美好的发展！给予自己力求改变的自信和勇气，相信你一定能够有所收获！

认识你自己，然后才能把握和创造人生

曾经有人向苏格拉底请教人生中最难做到的是什么事情，苏格拉底回答“认识你自己”。听到这个答案，也许有很多朋友都会觉得可笑，我们从呱呱坠地开始就在认识自己，如此漫长的成长过程中，我们如何能够不认识自己呢？其实，这样的观点并不正确。虽然我们每分每秒都在与自己相处，但是这个世界上不认识自己、不了解自己的人并不在少数。我们看似对自己很熟悉，实际上却“不识庐山真面目，只缘身在此山

中”，我们根本不知道如何真正认识和了解自己。由此一来，我们也就无法发挥自己的潜力，竭尽所能地改变自己的命运。一个人，唯有认清楚自己，才能最大限度地发挥自身的潜力，从而帮助自己创造和把握人生。

现实生活中，不认识自己的人比比皆是，如有很多朋友不自量力，对于自己根本办不到的事情，却总是逞强地去干，最终的结果当然非常糟糕。还有些朋友与前者恰恰相反，总是妄自菲薄。他们总是怀疑自己的能力，就像高考报志愿的时候，有些同学明明可以填报更好的大学，但就是因为对自己估量不足，缺乏信心，因而以很优异的成绩上了个普通院校。不得不说，这是非常令人遗憾的。我们要想量力而行，对自己的人生准确预估，就要认识自己，客观评价自己，取长补短，扬长避短，成就最好的自己。

有一头驴在山上的寺庙里生活，它每天都要辛苦地拉磨，渐渐地，它觉得生活平淡如水，而且毫无意义。它不想再这么继续下去了，因此它决定改变生活，走出大山去外面的世界看一看。为此，它每天都在思考，如何才能摆脱拉磨的生活，去外面的世界走一走看一看。功夫不负有心人，很快，它等来了机会。

有一天，一个僧人带着它去山下，想让它驮一些东西回寺庙。想到自己马上就要离开大山，这头驴非常兴奋。到了山下，僧人把东西放在驴的背上，就去搬其他东西了。让驴很惊讶的是，当路上的行人看到它时，全都非常虔诚地跪倒在它的身体两侧，对着它认认真真地行礼。起初，驴根本不知道其中的原因，因而感到非常困惑，也情不自禁地躲来躲去，它自认为是受不起人们的虔诚跪拜的。但是随着一路上向它跪拜行礼的人越来越多，驴不由得沾沾自喜起来。它暗暗想道：原来，我这么厉害啊！为此，它开始理所当然地接受人们的跪拜。

回到寺庙之后，驴的心态改变了，它觉得自己是一头高贵的驴，一头与众不同的驴，因而它再也不愿意辛辛苦苦地拉磨。因为寺庙里的人不吃肉类，也不杀生，所以他们只好将这头固执的、懒惰的驴赶出寺庙，任其自生自灭。就这样，驴得到了自己梦寐以求的幸福，它马上奔跑到山下。刚到山下，它就看到有群人敲锣打鼓地冲着它走过来，它暗暗得意：这些人肯定知道我今天下山，是特意来迎接我的。想到这里，它故意站在道路中间，不想，人们看到驴居然胆敢拦路，气愤不已，因而拿起棍棒把驴打得奄奄一息。临死前，驴挣扎着回到山上的寺庙里，告诉僧人："人类太坏了，以前对我跪拜不已，今天却恨不得打死我。"僧人长叹一声："你可真是头蠢驴。人们以前跪拜你，是因为你的背上驮着佛像啊！"

这的确是一头蠢驴，它对自身根本没有清醒的认识，反而误以为人们是在跪拜它。实际上，它不知道当时僧人在它背上放了佛像，因而潜心向佛的人们，才会虔诚地跪拜它。如今，它的背上没有佛像，却大摇大摆地站在道路中间挡路，难怪人们要拿起棍棒狠狠地揍它呢！

古人云，人贵有自知之明。现实生活中，偏偏有很多人对于自身并没有准确清晰的认识和定位。他们不是妄自菲薄，就是妄自尊大，因而无法认清楚自己，更无法发挥自身的主观能动性，提升和完善自我。所以，少年们，假如你们想赢得人生，创造辉煌，就要努力认清自我，从而争取得到更好的发展。

第02章

放松心情，不要让负面情绪毁了幸福

放下攀比心，做内心清澈的少年

人与人相处，难免会相互比较，比较之下，就容易发现自己不如人的地方。“魔镜啊魔镜，谁是这世上最美丽的女子？”白雪公主的故事里，恶毒的王后总是一遍又一遍地重复着这个问题。“既生瑜何生亮？”喜欢攀比的人多半要发出这样的感慨，于是他们总是不能开怀。其实，手指各有长短，人与人更是各不相同，盲目攀比是我们不快乐的根源，也完全没有必要。

我们不能否认，好胜心能促使我们进步，但如果这种心理变成了盲目的攀比，就会产生一种不切实际的心理焦虑，就等于为自己设置了障碍。实际上，每个人都是独一无二的个体，都应当有自己的个性。只有坚持走自己的路，放下攀比心，才能活出自我。

老子的《道德经》提倡无为而治，就是让人放下攀比之心，无为而无不为。意思是不攀比而无所不能。无为并不是什么都不做，而是放下攀比之心。因为有了攀比之心，人们就不能按自己的方式去生活、去做事，就会变成大致相似的人。人都有自己的特长，有自己的才能，有自己的价值观。以不攀比之心去做，会做得很好，才会发挥自己最大的价值。

然而，在当前的社会环境中，这种好虚荣、要面子的心理焦虑具有一定的普遍性。要调整这种心理状态，应该客观地认识自己、认识面子问题，不要对自己提出超出自己实际能力的期望。

张阿姨年纪并不大，今年刚满四十。在她年轻的时候，圆润白皙的脸上，有着很柔和的五官线条。看到邻居小孩的时候，总是要伸手来拧一下孩子的脸，然后说“有空的时候到我家来，给你吃糖”。

刚结婚那段日子，她把家里打扫得非常整齐干净，逢人也总是笑嘻嘻的。在他们那个年代她是非常出色的，相貌端庄，出身好，人也非常能干。

她对丈夫特别好，手也特别巧，结婚了之后，全家老小的毛衣都是她织的。那时候，丈夫也对她特别好，不管冬天夏天，他都坚持给在单位上班的妻子送“爱心午餐”。她的名字里有个“娇”字，每天中午，单位的人都会听到他叫“娇，午餐”，于是单位的人就给她取了个外号叫“娇午餐”。那段时间他们真的很恩爱，也没有人会怀疑这两个人会白头偕老。

丈夫是做销售的，现在看来是个不错的职业，但在20世纪80年代初却并不是很容易做。但他很有韧性，拿出当年追她的劲头，硬是把一间快倒闭的小厂的产品弄活了。她们家成了周围亲朋好友羡慕的对象，他们的房子换大了，买了车，女儿进了学费让人咋舌的私立学校。但是，很多矛盾也跟着来了。

张阿姨开始喜欢上了有钱人的生活，每天不是上美容院就是和一群麻将友们在一起，女儿的学习不管，丈夫回来也是冷锅冷灶。

还不止这些，她还成了典型的“怨妇”，丈夫和女儿听见的就只有她抱怨美容院的服务态度不好，怎么最近股票又跌了，快要成穷光蛋了……看见女儿一片红的试卷，马上就是又打又骂。丈夫一回来她就训他：这个月的营业额怎么那么少?

刚开始，女儿和丈夫还受得了，可是时间一长，他们父女俩就提出要搬出去住了，后来丈夫提出和她离婚的时候，女儿居然没反对。

这个原本幸福的家庭因为攀比而以不幸收场。少年们，其实攀比的心里可能很多人都曾有过。心理学家指出，如果我们不对盲目比较的心理加以控制的话，轻则会影响到我们的心理健康，严重的甚至会让我们产生心理疾病。而只有做到少一些比较，才能多一些开怀。

总之，攀比是一把利剑，这把利剑不会伤到别人，只会伤害自己。它刺向自己的心灵深处，伤害的是自己的快乐和幸福。俗话说 “人比人，气死人”，攀比是不满足的前提和诱因，人们在没有原则没有意义的盲目比较中产生了心理失衡，胃口越来越大，追求的越来越多，越发不满足。而如果你能放下攀比给你带来的枷锁，让心清澈，那么，你就能活出不一样的自我，快乐就会如影随形。

不必焦虑，要学会凡事轻松面对

现代人有几个是不焦虑的呢？现代人又有几个人能够切实意识到自己的焦虑呢？提起焦虑，大家都知道一二，但是对于自身的焦虑，却又总是无知无觉。正是这样的情况，导致很多人都备受焦虑的折磨，却根本不知道问题出在哪个地方。为此，我们应该更加了解焦虑，也更应该知道如何正确面对焦虑，不至于觉得惊慌或者恐惧，从而帮助我们保持平静的心绪。

提到焦虑，有些人根本毫无意识，有些人却如临大敌。如此严重两极分化的态度，让人惊讶。对于焦虑是否值得人们担心，回答当然是肯定的。还有些人对于焦虑避之不及，仿佛焦虑是多么严重的瘟疫，一旦沾染上就无法清除。实际上，焦虑根本不像我们想象的那么可怕。焦虑也是人的正常情绪之一，适度的焦虑还能刺激人们更加积极奋进，也帮助人们以更好的状态接受新鲜事物。当然，过度焦虑则会让人坐卧不安，心神不宁，甚至影响正常的工作和生活。在这种情况下，我们必须把握好焦虑的度，才能防止焦虑的负面作用出现，尽量使其发挥正面作用。

从本质上来说，焦虑是对即将发生的威胁的恐惧。大多数焦虑的人中，只有很少数是因为已经发生的事情焦虑，大多数人都是因为还未发生的事情感到担忧。焦虑是防御心理机制下的综合情绪，轻度的焦虑没有明显症状，严重的焦虑却会影响人们的工作和生活，扰乱社会秩序。很多人还会因为焦虑而失眠，这就说明焦虑已经变得相当严重，必须引起足够的重视。通常情况下，生活中的焦虑都是一过性的。如果你因为即将到来的考试而焦虑，等到考试结束就会觉得身心轻松；如果你因为婚礼即将举行而焦虑，那么等到婚礼结束你也会变得从容。由此可见，很多焦虑是即将到来某些事件引发的，完全无须过度担心。

少年们，既然焦虑无处不在，我们与其因为焦虑变得更加烦躁，不如欣然接受焦虑，淡定从容地应对焦虑。曾经有心理学家认为，焦虑之于人，就像空气一样如影随形，拒之不能。但是焦虑又与空气有所不同，即焦虑会随着人们情绪状态的改变，也随意四处蔓延。例如，当你心情愉悦时，焦虑会消失得无影无踪。相反，如果你心情烦躁郁郁寡欢，焦虑也会变本加厉，甚至侵占你的整个心灵。

在了解焦虑的特性之后，聪明人当然不会放任焦虑肆意侵蚀我们的心灵，而是会努力控制自己的情绪，也遏制焦虑的发展态势。

别让妒火灼伤自己

对于那些总是喜欢嫉妒他人的人，人们习惯于称之为“红眼病”。提起这个词语，就想起人们因为利益虎视眈眈的样子，不由得感到惟妙惟肖。无疑，用“红眼病”来形容妒忌心强的人，实在是非常贴切。其实，妒忌心强的人不但对他人虎视眈眈，自己心里也会因为嫉妒而非常痛苦。细心的人会发现，妒忌心强的人很少感到快乐，因为他们总是觉得自己不如别人，恨不得想方设法地赶超别人。所谓人外有人，天外有天，我们怎么可能时时处处都比他人强呢！如果容不下他人超过我们，那么我们痛苦焦虑的日子也就正式宣告开始了。

妒忌心从本质上来说，是一种质疑的情绪，不但质疑自己的能力，而且也质疑他人。在这样的双重折磨下，人们必然觉得心理不平衡，甚至感到非常痛苦。要知道，一个人如果缺乏自信，对他人也愤愤不平，那是不可能感受到快乐的。在这样的两面夹击下，人们或者选择自暴自弃，再也不与他人比较，却忍受着内心失落情绪的吞噬；或者会因为强烈的嫉妒，攻击他人，导致人际关系极度恶化。不管是哪种发泄情绪的方式，都是得不偿失的。

其实，聪明人都会想明白一个道理：嫉妒并不能给别人造成什么伤害，却会让我们心绪不宁，焦虑不安。既然如此，与其让嫉妒啃噬我们的心灵，不如放宽心胸，更好地欣赏和接纳他人。也许当你与他人成为朋友，你会多一条成功的道路呢！所谓多个敌人多堵墙，多个朋友多条路，我们只有搞好人际关系，才能让自己的生活和事业风生水起。

在这一批实习生中，莹莹各方面都是非常突出的。她从小就是个典型的乖乖女，不管是学习还是个人生活，从未让父母操心过。这次毕业实习，莹莹更是用心工作，想着能在实习期满后留下来。

豆豆和莹莹同住一个宿舍，每当看到莹莹得到主管的表扬，豆豆总是非常嫉妒。眼看着实习期即将结束了，大家都说莹莹能够留下来，这让豆豆对莹莹的敌意更大。有一天中午，莹莹去单位的资料室查资料，豆豆居然往莹莹刚刚洗好的床单上吐了好几口唾沫。让她万万想不到的是，这一切都被路过的主管尽收眼底。原本，主管对豆豆的评价也是很高的，但是豆豆的这种恶劣行为却让主管马上否定了她。不管什么时候，一个团队要想做出成绩，最重要的就是团结协作。豆豆不知道的是，主管原本想向单位申请两个留下来的名额，一个是莹莹，另一个给豆豆。显而易见，豆豆不知不觉地失去了这次机会。

年纪相仿的小姑娘之间存在嫉妒心理其实也是正常的，毕竟每个人都想出类拔萃，也想得到千载难逢的好机会。豆豆千不该万不该，把心里的嫉妒之火表现出来，豆豆不该采取如此过激的行动，给主管留下不堪的印象。倘若豆豆能够调整自己的心态，在嫉妒莹莹的同时，不遗余力地工作，努力提升自己，给主管留下更好的印象，她的人生也许就会出现转折。然而，现在一切都完了，妒忌之火最终烧到了豆豆自己身上，而莹莹却浑然不知。

从上述事例中我们不难发现，嫉妒是损己不利人的事情。在讲究合作共赢的现代社会，因为嫉妒他人而与他人为敌，无疑是非常愚蠢的行为。

少年们，从现在开始，让我们浇灭心中的妒忌之火，努力提升自己，从而帮助自己争取到更多的好机会吧！否则，当因为让嫉妒而焦虑不已、引火烧身时，只能暗自懊悔。

忧虑是一种非常糟糕的情绪，要及时止损

炒股的人都知道，要适当止损。那么，生活为什么也需要止损呢？当我们被负面情绪缠身，每天都郁郁寡欢，无暇享受美好幸福的生活时，我们就需要止损；当我们因为做错了某件事情，始终都沉浸在懊悔之中，没有精力面对即将而来的生活时，我们也需要止损；当我们因为憎恶或者仇恨某人，始终生活在愤愤不平之中，甚至影响了自己对于他人的信任和理解时，我们必须马上止损……总而言之，人生之中的很多时候都需要止损。换言之，就是丢掉那些影响我们的坏情绪、恶劣心

境、仇恨憎恶等，这样我们才能轻装上阵，淡定生活。

忧虑是一种非常糟糕的情绪，当一个人陷入忧虑之中，就会莫名其妙地焦虑不安，也会更加忧愁苦闷。为忧虑叫停，生活才能变得纯粹而又健康。

当然，停止忧虑并非我们想象的那样喊停即可，我们必须找到合适的方法，才能及时中止忧虑。例如，我们可以问自己：我现在忧虑的问题真的会对我的生活产生难以挽回的影响吗？我对于这件事情的忧虑，应该停止在哪个限度呢？我应该为这份忧虑付出怎样的代价，我还值得为它继续忧虑吗？当你解答了自己的这几个问题，你也就能够理智对待忧虑，也就能够及时为忧虑导致的生活损失叫停。

少年们，尤其是当我们被负面情绪左右的时候，更应该学会及时止损。否则，负面情绪是会传染的，会使我们深陷焦躁不安的情绪之中。

此外，对于人生之中很多显而易见的废弃物，我们更要积极主动地将其清除掉，这样才能轻松地面对人生，在人生路上轻装上阵。

随遇而安，不必害怕犯错误

生活中经常有这样一些人，他们做事谨小慎微，总是认为事情做得不到位。因为他们太过专注于小事而忽视全局，这主要是因为他们性格上的原因，他们对自己要求过于严格，同时又有些墨守成规。通常情况下，因为他们过于认真、拘谨，缺少灵活性，他们比其他人活得更累，更缺乏一种随遇而安的心态。

他们总有这种表现，如果一件事情没有做到自己满意的程度，那么必定是吃不好也睡不好，总觉得心里有个疙瘩，很不舒服。什么事情都有个度，追求完美超过了这个度，心里就有可能系上解不开的疙瘩。我们常说的心理疾病，往往就是这样不知不觉出现的。过分追求完美的人 总是不想让人看到他们有任何瑕疵，他们常常过分控制敌意和愤怒，给人的感觉是过分宽容，看似开朗热情，其实活得很累。

少年们，人生不可能事事都如意，也不可能事事都完美。追求完美固然是一种积极的人生态度，但如果过分追求完美，而又达不到完美，就必然会产生浮躁的情绪。过分追求完美往往得不偿失，会变得毫无完美可言。

凡事都有个度，追求完美到了一定的地步就变成了吹毛求疵。如果不达到想象中的彻底完美誓不罢休，那就是和自己在较劲了，长此以往，我们自己也会渐渐承受不了这种越来越沉重的负担。

要知道，我们不会因为一个错误而成为不合格的人。生命是一场球赛，最好的球队也有失误的记录，最差的球队也有辉煌的一刻。我们的目标是尽可能让自己得到的多于失去的。那么，少年们，过分追求完美的人该如何去调整呢?

1.不要苛求自己

你不要总是问自己，这样做到位吗?别人会怎么看呢?过分在乎别人的看法就是苛求自己，你会忽略自己的存在。

2.要改变自己的观念

你需要明白一点，世界上没有完美的事，保持一颗平常心并知足常乐，才是最好的心境。换一种新的思路，即尝试不完美。

3.要改变释放方式

当你心情压抑时，你要选择正确的方式发泄，如唱歌、听音乐、运动等，并且，你要抱着一种享受的心情发泄，这样，你很快会感受到快乐。

4.让一切顺其自然

不要对生活有对抗心理，过于较真的人会活得很累，因此在思考问题时要学会接纳控制不了的局面，接纳自己所做的事，不要钻牛角尖。

第03章

胸怀宽阔，不要斤斤计较，否则容易自寻烦恼

胸怀宽阔，计较就会带来烦恼

自从有了小妹妹甜甜，乐乐就不能完全独享爸爸妈妈的爱了。虽然爸爸妈妈之所以决定再生一个，完全是因为乐乐纠缠着他们想要一个小弟弟或者小妹妹，但是等到小妹妹真的出生，乐乐还是感到很大的不适应。例如，在小妹妹刚刚出生的那段日子里，爸爸妈妈、爷爷奶奶几乎把所有的注意力都放到小妹妹身上，乐乐尽管已经7岁了，但是他不想被忽视，所以内心觉得很不平衡。有的时候，乐乐简直后悔：我真是脑袋被驴踢了，才会想要一个小妹妹，不然爸爸妈妈、爷爷奶奶都围着我转，那该多好啊！

随着小妹妹不断成长，渐渐地开始学会和乐乐抢东西了。例如，有的时候乐乐新买了一本书，小妹妹尽管看不懂，也喜欢把书抱在怀里用嘴巴啃。

乐乐觉得很无奈，看着新买的书被小妹妹啃得到处都是口水，乐乐终于忍不住爆发：“你这个坏家伙，为何总是要与我作对，惹我生气呢！”

看到乐乐歇斯底里的模样，妈妈很惊讶：“乐乐，你小时候也很喜欢啃书啊，小孩子都喜欢这么做。”

乐乐委屈地说："但是我不喜欢小妹妹啃我的书，真不知道我为什么想要个小妹妹。"

听到这句话，妈妈意识到乐乐的情绪状态出现问题，也引起了足够的重视，当即对乐乐说："乐乐，小妹妹虽然是你要的，但是既然小妹妹已经出生了，你就不要觉得她是附属品。你和小妹妹一样，都是爸爸妈妈的心肝宝贝。尤其是你作为哥哥，更应该爱护小妹妹。你想想，你小时候，家里只有你一个孩子，全家人都疼爱你，关注你。小妹妹出生之后呢，她是第二个孩子，所以全家人既要照顾小妹妹，也要照顾你。而且你是爸爸妈妈的第一个孩子，所以爸爸妈妈会更加疼爱你。你觉得，你是不是比小妹妹更加幸运呢？"

听到妈妈的话，乐乐陷入沉思，突然茅塞顿开："妈妈，你说得有道理。为了弥补小妹妹，我以后也要很爱小妹妹，这样小妹妹虽然没有得到爸爸妈妈全心全意的爱，却多了一个哥哥来爱她，也很好，对不对？"

妈妈欣慰地笑了，告诉乐乐："妈妈小时候最羡慕有哥哥的女孩，因为她们多了哥哥的疼爱，就像小公主一样。以后，你也宠爱妹妹，好不好？因为你是她的哥哥啊，等到她长大了，一定也会把你当成她最亲近和疼爱的人。你想想，很多孩子除了父母，没有最亲近的人，但是你不一样，即使爸爸妈妈老了，还有妹妹在陪伴着你，是你最亲近的人。"

乐乐听了妈妈的话，感动得眼眶都红了。他对妈妈说：

“妈妈，放心吧，以后我再也不与妹妹斤斤计较了，我要和你们一样疼爱她。”

很多有二胎的家庭中，尤其是在二胎刚刚出生的时候，都会无意中忽略对老大的关注，导致老大觉得自己被忽视，因而内心失去平衡，甚至因此而抱怨二胎的出生。实际上，这是因为父母对于老大的关注和疼爱不够导致的。对于有二胎的家庭来说，要想处理好老大和老二之间的关系，最重要的就是更加关注老大，从而让老大也把爱与关注倾注到老二身上，这样一来不但父母和老大的关系会更好，老大和老二的关系也会更好。

如今，很多家庭都只有一个孩子，导致孩子从小就得到父母和长辈所有的爱与关注，在这样“万众瞩目”的环境中成长，孩子们自然越来越习惯独占家里所有的资源，也独得家人所有的疼爱。正因为如此，孩子们渐渐地不会分享，也不喜欢有兄弟姐妹的生活。实际上，父母要有效地改变孩子的这种心态，帮助孩子养成心胸开阔的好习惯，也让孩子学会分享。即使家里没有兄弟姐妹和孩子一起成长，分享成长的喜悦，父母也可以与孩子分享。当然，对于更大一些的孩子而言，在意识到自己已经养成了吃独食的坏习惯之后，还可以有意识地与父母分享，与朋友分享，从而渐渐地帮助自己敞开心扉，接纳朋友，也接纳这个美好的世界。

要想做到心胸开阔，不斤斤计较，孩子们就要学会控制自己。其实，拥有开阔的心胸不但有利于建立良好的人际关系，对于孩子自身的身心发展也是有好处的。有心理学家经过研究发现，如果孩子们心胸狭隘，总是斤斤计较，那么他们会面临身体健康受到损害的威胁，气血淤积，郁郁寡欢。显而易见，长期处于这样的不良情绪中，对于孩子的成长和发展都是极其不利的。此外，孩子们还要学会控制自己的情绪。正如一位名人所说的，每个人最大的敌人就是自己，其实这并不是说每个人都与自己为敌，而是告诉我们一个人要想成为自己的主宰，就要努力控制好自身的情绪。

当然，要想减少生气的频率，不与他人斤斤计较，也不自寻烦恼，最重要的在于要调整好心态，宽容对待他人，也能够设身处地为他人着想。每个人都有自己的苦恼和难题，面对他人为了解决自身苦恼而作出的各种决定，我们一定要表示理解，也坦然接受。

少年们，人人都有作出选择的权利，我们不能干涉别人的权利，也不要因为别人使用了自己的权利，就对他们产生各种怨愤。在现实生活中，有些事情是通过努力可以改变的，有些事情则注定了某一种结局，即使再怎么努力也无法改变。所谓既来之，则安之，正是告诉我们随遇而安的人生道理。

得失淡然，不计较得失反而收获更多

哲人说："错过花，你将收获雨。"在人生道路上，失去某种东西对于我们来说可能是一种遗憾，然而，这却是对人生的另一种体验。这样想来，失去何尝不是一种获得呢？学会选择，懂得在失去中寻找，在失去中体验，在失去中获得，这样会让我们的内心更加丰富和充实，难道这不是一种收获吗？即使是同样一件事情，不同的选择，有的人会觉得这是一种失去，而有的人则会觉得这就是一种收获。之所以产生这样的差别，是因为我们的思考有所不同。

在每年的七八月，北极地区的冰雪开始大面积融化，气温也逐渐开始回升，出现短暂的春天景象，十分美丽。但是，随着气温的升高，也开始出现了大量的蚊虫，另外由于当地物种稀少，那些饥饿的蚊虫就会飞到人们聚居的地方，吸食人们的血液来维持自己的生命。让人感到奇怪的是，当地的居民却对这些嗡嗡乱叫的蚊虫十分仁慈，从不轻易伤害它们。有的游客拿出杀虫剂喷洒，还会被当地居民制止。这是为什么呢？

原来，一种被称为驯鹿的动物是当地居民过冬的主要肉质来源。可是，在天气比较暖和的时候，大批的驯鹿会自发成群结队地向低纬地区迁移，因为那里有大量的水草，如果没有人驱赶驯鹿它们，它们就不愿意在严寒到来的时候准时回来。但是，在北极地区，如果你想靠人力来驱赶驯鹿，这根本是不可能的事情。这时候，那些讨人厌的蚊虫就显示了它们的威力，天气开始降温，蚊虫就会飞到低纬地区逃命，自然会与驯鹿不期而遇。那些吸食血液的蚊虫是驯鹿无法抵御的天敌，而那边的气候还不适宜生存，所以那些驯鹿走投无路之下只能往回走。这一下，正好钻进了人们事先设计好的陷阱里。

聪明的当地居民掌握了自然界物物相克的规律，所以甘愿忍受蚊虫吸食的痛苦，来求得长远的利益。在他们看来，眼前的得失并不需要挂在心上，那些长远的考虑才是智慧者的生存之道。所以，在那些被蚊虫吸食的痛苦日子里，他们并没有过多地埋怨，而是保持着一种乐观豁达的胸怀，因为他们知道有了蚊虫的存在，这个冬天就不用愁食物了。

在高速行驶的火车上，一个老人不小心把刚买的新鞋从窗口掉出去一只。周围的人倍感惋惜，不料老人立即把第二只鞋也从窗口扔了下去。

老人的想法是：这一只鞋无论多么昂贵，对自己而言都没有用了，如果有谁能捡到一双鞋子，说不定他还能穿呢！

少年们，“与其抱残守缺，不如就地放弃。”很多时候，事物的价值并不在于谁占有，而在于如何占有。对于世界万事万物而言，一切都是暂时的，一切都会消逝，让暂时的失去变得可爱。最后你会发现，失去并不一定是损失，也可能是一种获得。

在人生的道路上，有着太多的得，也有着太多的失，许多人一直都在计较着得与失，所以，每一天都在抱怨、懊悔中度过，在他们漫漫人生中，没有哪一天是真正快乐。无声的年华岁月将我们带走，看尽了繁华落尽，我们才会感叹：这一路走来，自己竟然忽视了那么多的美好风景，以前只是拼了命地计较得失，到现在已经没有什么可失去的了，但也从来没有得到过什么。其实，面对失去，只要我们学会转变思考角度，你就会发现这其实是一种获得。

不与他人比高低，只与自己争进步

一直以来，小丽都觉得自己的内心沉甸甸的，似乎压着块巨石，总是喘不过气来。实际上，小丽并不是不优秀，相反，她非常优秀，学习成绩在班级里名列前茅，而且有丰富的兴趣爱好，不但擅长唱歌跳舞，还擅长绘画，简直就是个多才多艺的大家闺秀。然而，小丽唯独对于自己的一点不满意，那就是虽然学习成绩很好，但是总是屈居于楼下的邻居、爸爸妈妈同事家的孩子——小雅之后。原来。小雅自从升入初中，就是班级里雷打不动的第一名。对于小雅的表现，小丽从羡慕到嫉妒，现在就是赤裸裸的恨意了。她想不明白为何自己不管如何努力，都会被小雅比下去，也想不明白为何自己这么优秀，却总是要被小雅的成绩压制。

小丽越来越不快乐，原本应该享受骄傲的女孩，陷入了被动的状态之中，学习成绩也有所下滑。妈妈不知道小丽发生了什么事情，误以为小丽早恋了。后来，在妈妈的引导下，小丽才说出心中的苦恼，妈妈安慰小丽："乖女儿，你已经非常优秀了。你只要与自己比，不要与别人比。你想，你的学习成绩从小学到现在都出类拔萃。最重要的是，你在紧张忙碌的学习之余，还要兼顾兴趣爱好的发展，其实你的付出和努力，爸爸妈妈都看在眼里，也始终以你为骄傲呢！"小丽郁闷地说："但是小雅的成绩每次都比我高几分。"妈妈说："当然，你想要赶超小雅也是很好的意识，毕竟竞争无处不在。不过，你只要努力、尽力就好，没有必要因为自己不能超过小雅，就觉得苦闷。你既要看到小雅的长处，也要看到自己的长处，这样才能以愉快的心情享受自己的人生。否则，你把赶超小雅作为自己的人生目标，岂不是很可笑吗？"在妈妈的劝说下，小丽终于解开了心中的疙瘩，再也不觉得自己不如小雅，也不为此而郁郁寡欢了。

在这个事例中，综合实力远远超过小雅的小丽，之所以总是闷闷不乐，就是因为她总是拿考试分数与小雅比。实际上，对于多才多艺的小丽而言，能够实现均衡发展已经是非常厉害的，根本没有必要盲目地和小雅比。

每个人都有自己的优势和特长，我们既不要因为拿自己的优点和他人的缺点比而盲目自信，也不要因为拿自己的缺点和他人的优点比而盲目自卑。只有把自己曾经的成绩作为比较和衡量的标准，才能找回内心的平衡，才能真正做到内心的淡然平静。归根结底，人不是为了比较而存在，每个人都有自己存在的价值和意义，也有人生的目标和规划，只有放下比较，在人生之中更加坦然从容，才能真正活出自我，也拥有独属于自己的成功人生。

少年们，在人生的舞台上，我们最重要的就是扮演好自己的角色。也许我们没有显赫的家世，也没有独特的才华，但是我们有一颗坚定不移的心。试想，一个人如果连自己都不能接受和善待，又如何敞开心扉和怀抱拥抱这个世界呢？

现实生活中，很多孩子对于自己不满，有的孩子嫌弃自己长得不够高，有的孩子觉得自己的皮肤不够白，还有的孩子怪自己不会投胎，没有一个马云当爸爸。不得不说，当一个人对于人生始终怀着抱怨的态度，那他只会越来越被动，也会完全陷入怪圈之中无法自拔。对于任何人的人生而言，最重要的在于要接纳自己，悦纳自己，认可自己，欣赏自己。与此同时，还要怀着宽容的心接纳他人，也真诚地肯定和欣赏他人。

常言道，人贵有自知之明。在这个世界上，每个人都是特立独行的生命个体，都是彼此独立又彼此影响的。当然，人与人的能力和水平也参差不齐，不尽相同。在这种情况下，我们唯一要做的就是成就最真实美好的自己，而无须把自己与他人比较，更无须因为比较而让自己的内心失去平静，陷入动荡不安之中。

想清楚这一点，孩子们才能摆脱盲目自卑，才能在生命的历程中扬起自信的风帆，怀着充足的信心和莫大的勇气，在人生之中远航。

心胸开阔，有些小事不值得计较

现实生活中，没有人愿意因为一点儿小事情就与他人斤斤计较。心胸开阔的人从来不把无关紧要的事情牢牢记在心上，但是心思狭隘的人，哪怕知道因为一些小事情而生气是不值得的，也无法真正做到豁然开朗。其实，最重要的是要调整好心态，这样才能最大限度激发生命的动力，也才能让自己具备广阔的心胸。

对人来说最宝贵的是生命，然而，气大伤身，如果总是为不值得计较的小事情而生气，那么日久天长就会带来各种麻烦和纠纷。不可否认的是，生活总是琐碎的，如果我们总是因为琐碎的生活而陷入各种被动的境遇之中，那么就会失去本心，迷失自我。既然人生的光阴这样宝贵，一寸光阴一寸金，那么我们为什么不最大限度把时间利用好，也让人生变得更加充实呢？

尤其是在人际交往中，如果一个人总是因为各种各样的原因与他人怄气、赌气，渐渐地，他们就会失去好人缘，变得人见人厌。此外，小心眼的人还会表现出自己小气的一面，导致自己的人生道路越走越狭窄。要想改变这样的情况，最重要的在于要把目光放得长远，这样才能看到更远处，也才能让自己的心更加释然。尤其是在现代社会，人际关系被提升到前所未有的高度，人脉资源也成为非常重要和丰富的资源。为此，每个人除了要爱惜自己的身体，减少生气的次数之外，也要出于人际关系的角度考虑，与人为善，与己为善。

少年们，在现实生活中，每个人都肩负着自己的使命，也承担着一定的责任。任何时候，都不要因为一时冲动而做出失控的举动，否则等到懊悔的时候就已经悔之晚矣。对于人而言，最宝贵的是生命，以珍惜生命为原则，我们更应该理性地与身边的人相处，这样才能保证健康，也才能获得良好的人际关系。

记住，在生命面前，一切事情都显得没有那么重要，既然如此，还有什么必要总是生气，或者总是感到懊丧呢？记住，生命大于一切，生命是1，其他的一切都是0。对于人生，我们既要认真，也要避免认真，这就像是在以精确见长的数学领域，也同样需要模糊一样。

主动吃亏，计较的人生难有幸福可言

人与人相处的过程中，因为每个人的脾气秉性和观念都各不相同，因而人们彼此之间难免会产生摩擦。有的时候遇到小小的利益纠纷，人们还会相互算计，谁也不愿意吃半点儿亏。哪怕只是口头上处于下风，也会让有些人愤愤不平，恨不得在最短的时间内就为自己扳回这一局。其实，老祖宗留下古训说，“吃亏是福”，就是为了告诉我们要心胸开阔，而不要斤斤计较。遗憾的是，很多人都知道“吃亏是福”这句话，却不能领悟其中的道理，更不知道宽容别人就是宽宥自己。

从心理学的角度而言，假如一件事情如同刺一样扎在我们的心里，那么我们必然会受到无尽的折磨。但是伤害我们的人却浑然不知，依然尽情地享受着生活。这样一来，我们不但受到伤害，还搭上了自己的人生快乐，使得自己终日闷闷不乐，可谓得不偿失。再如，我们因为自己郁郁寡欢，必然会影响自己的情绪，导致工作和生活都不顺利。因而我们唯有放下，才能放了自己，也才能让自己以平和的心境洒脱地面对生活中的一切事物。这样，我们的人生才会充满明媚的阳光，我们的一切也才会更加顺遂。

人类第一次登上月球的壮举，是由两位宇航员共同完成的。他们就是阿姆斯特朗和奥德伦。大多数人对阿姆斯特朗非常熟悉，因为他是登上月球的第一人，并且因此蜚声世界，但是对于奥德伦，则很多人根本不知道他的名字。关于登上月球的壮举，阿姆斯特朗还说了一句全世界尽人皆知的话，即“我个人的一小步是全人类的一大步”，如今这句话更是成为举世闻名的名言，鼓舞和激励了无数人。

在庆祝成功登上月球的记者招待会上，有一名记者突然问奥德伦：“在登上月球时，阿姆斯特朗是第一个踩到月球上的人，作为和他同时抵达月球也完全有可能成为登月第一人的你，是否会感到遗憾呢？”这个问题很犀利，的确，如果奥德伦当初第一个走到月球上，那么阿姆斯特朗如今的任何荣耀，都将会属于他，而他也不会像现在这样依然默默无闻。在场所有人的目光都集中到奥德伦身上，大家都等着看他如何作答。只见他微微一笑，说：“大家不要忘记，阿姆斯特朗虽然是登月第一人，但是我可是从其他星球回到地球的第一个人啊！”原来，当返回地球时，奥德伦是第一个走出太空舱，踩到地球坚实的土地上的。奥德伦看到大家不说话，又补充道：“我可是当之无愧的从外星球来到地球的第一个人。”大家听到他的话，全都会心地哈哈大笑起来，并且给予了宽容豁达的奥德伦经久不息的热烈掌声。

少年们，生活中的事是琐碎的，如果喜欢计较，那么总是能够找到无数可以计较的理由。但是计较与快乐之间确实是完全相反的关系，即如果计较得多了，快乐就会变少了；如果心宽了，从不斤斤计较，那么快乐就会渐渐变多。那么，朋友们，对于你们而言是计较更重要，还是拥有快乐更重要呢？相信聪明的朋友一定能够做出明智且理性的选择。

少年们，人生短暂如白驹过隙，没有人能够预知自己的人生。与其痛苦地活在计较中，不如不去计较，从而让自己获得更多的幸福与快乐。正如维克多·雨果所说的：“世界上最辽阔的是海洋，比海洋更辽阔的是天空，比天空更宽广的是人的胸怀。”我们何不拥有宽于的胸怀，把整个世界都装进自己的心里呢！

第04章

学会放下，放下后才能开启人生新篇章

遗忘是一种智慧，把烦恼抛诸脑后

人生在世，忧虑与烦恼有时也会伴随着欢乐与快乐，就好像失败伴随成功一样。假如一个人整天胡思乱想，把那些没有价值的东西也记在脑海里，他就会感到前途渺茫，总感觉人生是不如意的。人是需要学会遗忘的，我们有必要定期对头脑中存储的东西进行及时的清理，把该保留的东西保留下来，把不该保留的东西予以抛弃，诸如烦恼。那些给人带来诸多不快乐的因素，实在没有必要过了很久之后还去回味或耿耿于怀，这样，我们才能过得更洒脱一点。生活中，我们需要遗忘，用理智过滤掉思想上的杂质，保留真诚的情感。只有善于遗忘，才能更好地保留人生最美好的回忆。学会遗忘，就好比全副武装，将烦恼抛诸脑后，你会发现，任何烦心的事情都入侵不了自己的心灵。

生活中的烦恼来自“忘不了”。欲动，则心动；心动，自然烦恼丛生。得与失、荣与辱、起与落，这些你在乎得越多，心里就会越痛苦；反之，你遗忘得越多，内心就越清净。不能遗忘，不能放下，这就是烦恼的根源。一个容易陷入较真的泥潭中的人，总也忘不掉过去，因为他无时无刻不在想：为什么当初会是这样呢？我已经被伤害这么多了，我不甘心。越是较真，越是容易陷入烦恼之中无法自拔。因为较真的心理，他们无法忘怀，最后只能被烦恼吞噬，直至跌入痛苦的深渊。

这无疑是自己折磨自己，他们痛苦的原因不在任何人，只在于他们自己不懂得遗忘，不懂得改变较真的心态。

小丹是一个整天笑呵呵的女孩，她好像从来就没有烦心的事情。如果有人问她："为什么你每天都这样开心呢？"小丹笑得有点神秘："因为我有健忘症啊。"健忘症？或许你会因此感到疑惑，但如果你接着听她说下去，就明白怎么回事了。

小丹说："我说的健忘症是我心里所假想的症状，事实上，我真的是一个比较健忘的人。换句话说，我是选择性记忆，我总是记住那些让我开心的事情，遗忘那些烦恼的事情。即便这么多年过来，我依稀记得第一次收到玫瑰花，第一次接到爸爸送的生日礼物，第一次接到大学通知书，第一次去酒吧玩，第一次在外面过生日，这些对我而言都是快乐的，但我已经忘记了上个星期我在为什么而烦恼。有人说我是乐天派，有人说我患了失忆症，不管到底是什么样的情况，我只希望我真的只记住快乐的，将生活中所有的烦恼都遗忘掉。"

听了小丹的话，你是否会羡慕她有这样的特质——"健忘症"呢？其实，我们也是可以做到的，有时候，我们不愿意忘记，都是因为较真的心理，我们始终放不下所以总被烦恼所折磨。但是，少年们，如果我们想忘记，有决心遗忘那些烦恼的事情，那曾经困扰我们的烦恼就真的会被我们抛到九霄云外了。

1.不较真了，也就不烦恼了

对于那些烦心的事情，如果我们总是较真，那只会让我们更加烦恼，不断地陷入烦恼的漩涡。但是，如果我们能放下较真的心理，把那些烦心的事情通通抛到脑后，那我们就会变得快乐起来。

2.学会遗忘

学会遗忘吧，因为活在过去的痛苦中会让人步履沉重。遗忘是一种豁达，是一种历尽千帆的沧桑沉淀。世事无常，生活还是会继续，遗忘一些烦恼的事情，会让我们的心灵充满新活力，会让我们体会久违的轻松畅快。

有所放弃，才能简化生活

智者说："有的东西在你想要得到又得不到时，一味地追求只会给自己带来压力、痛苦和焦虑，这时，请放弃它。"在这个世界上，存在着许多的诱惑，有可能是金钱，有可能是地位，有可能是权力……诱惑越多，心中欲望便越多，久而久之，这种欲望就会变成一种负担，阻碍我们获得成功。在更多的时候，我们会感觉筋疲力尽，我们的心灵落满了尘埃，并且被禁锢得太过寂寞，这样会逐渐损害我们的健康。所以，面对生活的诸多诱惑与欲望，我们要适当放弃，只有有所放弃，才能简化生活，也才能够轻装上阵。感恩生命，使我们的心灵不至于太过沉重，只有敢于放弃一些东西，我们才能收获真实的自己。

有一个聪明的年轻人，很想在一切方面都比别人强，他梦想成为一名大学问家。可是很多年过去了，他在其他方面都不错，但学业方面却没什么进步。他很苦恼，就去向一位大师求教。

大师说："我们登山吧，到山顶你就知道如何做了。"那座山上有许多漂亮的小石头，煞是迷人。每当看到自己喜欢的石头，大师都让年轻人装进袋子里背着，很快他就吃不消了。年轻人疑惑地望着大师："大师，再装，别说到山顶了，恐怕我连动都动不了了。"大师微微一笑说："是啊，那该怎么办呢？该放下，不放下背着石头怎么能登山呢？"年轻人一愣，忽觉心头一亮，向大师道谢后走了。后来，年轻人一门心思做学问，进步飞快。

莎士比亚曾经说过："倘若没有理智，感情就会把我们弄得精疲力竭。为了制止感情的荒唐，所以才有智慧。"在漫长的人生路上，偶尔也会长出一些杂草，侵蚀着美丽的心灵花园。权力的诱惑、酒色的幽香、人事的纷争，这些毒瘤时时刻刻在危害我们的心灵健康，让心灵变得沉重。面对这些，我们要感恩生命，敬畏生命，除掉侵蚀我们心灵的杂草，执着于我们对理性的追求。对那些得不到或者不应该得到的东西，我们就应该选择果断放弃。敢于放弃，是一种勇气，同时，也是一种自我调整，它帮助我们再次明晰了生命中的价值所在。

在墨西哥的海岸边，一位美国商人和渔夫交谈了起来，美国商人对墨西哥渔夫能抓到这么多的鱼恭维了一番，并问他要多少时间才能抓这么多。墨西哥渔夫说："不一会儿就抓到了。"美国人再问："你为什么不待久一点，多抓一些鱼呢？"墨西哥渔夫觉得不以为然："抓那么多有什么用呢？这些鱼已经足够我一家人生活所需啦！"

美国商人又问："那么你一天剩下那么多时间都在做什么？"墨西哥渔夫说："我每天睡到自然醒，出海抓几条鱼，回来后就和孩子们一起玩，然后再跟老婆睡个午觉，黄昏时晃到村子里喝点小酒，跟哥儿们玩玩吉他，我的日子可过得充实又忙碌呢！"

美国商人不以为然，他说："我觉得你应该每天多花些时间去抓鱼，这样你以后就有钱去买条大点的船，再买更多渔船。然后你就可以拥有一个渔船队，到时候你就把鱼直接卖给加工厂，之后自己开一个加工厂。然后，你就能离开这个小渔村，搬到墨西哥城，再搬到洛杉矶，最后到纽约，在那里经营你不断扩充的企业。"

墨西哥渔夫问："这要花多少时间？"美国人回答："大

约15年到20年吧！”墨西哥渔夫问：“然后呢？”美国人大笑着说：“然后你就是富翁啦！”墨西哥渔夫问：“再然后呢？”美国人说：“再然后你就可以退休啦！你可以搬到海边的小渔村去住，每天睡到自然醒，出海随便抓几条鱼，跟孩子们玩一玩，再跟老婆睡个午觉，黄昏时晃到村子里喝点小酒，跟哥儿们玩玩吉他呀！”墨西哥渔夫说：“可是我现在就在过这样的生活啊！”

有人说：“我以一生的精力去做一件事，十年，二十年……再笨也会成为某一方面的专家。”可是，如果这条路并不适合自己，怎么办呢？其实，在某些时候，所谓的自信和执着也会变了味道，它们逐渐成为自负和执拗，除了蒙蔽心灵、增加负荷，我们得到的只有更加迷茫。

有些东西根本就不属于我们，我们就应该选择放弃，一味地苦苦挣扎只会给自己带来更大的压力和焦虑。放弃是一种智慧的选择，只有懂得放弃，学会感恩，我们的生命之花才能开出绚丽的花朵。

失意时请放宽心，你依然可以重新再来

科学家爱因斯坦感言：“我每天上百次地提醒自己，我的精神生活和物质生活都是依靠别人的劳动，我必须尽力以同

样的分量来报偿我领受了的和至今还在领受着的东西。我强烈地向往着简朴的生活，并且常为感觉自己占有了同胞们过多的劳动而难以忍受。”这是一段充满感恩的话，善待生活就是善待自己，只要心怀感恩，我们依然可以善待人生中的每一次失意。人生在世，不如意事十之八九，得意之时不常有，失意之时却时常有，如果我们看重每一次失意，那么伤心就会浸泡了生活。其实，失意是人生必经的磨炼过程，只要善待失意，所有的不如意都将随之消失。所以，失意时请放宽心，心怀感恩，我们依然可以重新再来。

有一个男孩子，父母离异了。家庭的变故让他变得郁郁寡欢，不但学习成绩下降了，还动不动就向同学发脾气。也许是为了平衡内心的混乱，他每天吃完晚饭都会一个人在操场上转圈，一圈又一圈。谁都知道他的痛苦，可就是没有人能够安慰他。就在这个时候，班里一个不起眼的学生杰克出现在他的身边。于是，在学校的操场上经常能够看到两个并肩而行的身影。又过了一段时间，这个同学完全从父母离异的阴影中走了出来。

多年后的一次同学聚会上，杰克也来了。当大家谈论起这段往事时，杰克微笑着说：“其实也没什么神秘的，你们并不知道，我的父母在我上中学时就离婚了。在那段痛苦的日子里，有我的叔叔照顾我，让我懂得感恩并坚强面对。我发奋学习，结果考上了大学。回首那段生活，我发现自己成熟了，独立了，也坚强了。我不过就是把自己的这段经历告诉他而已。”

这样的答案让所有人吃惊，因为整整四年，全班没有一个同学知道杰克的身世，而且他还一直生活得那么快乐、豁达。同学们都问他为何能做到这样，杰克说：“经历了不如意，我学会了感恩生活。因为正是那段家庭变故，才成就了今天的我。”

一位乐观的老太太这样说：“人生就像那红绿灯，一会儿红，一会儿又绿。红的时候，就没法动了；绿的时候呢，就畅通无阻。有时候，远远看见那灯分明是绿的，可是等你加速到了眼前，那灯却一下子变红了。有时候是红灯变绿灯，有时候却是绿灯变红灯，但是我们最终都要离开这里，朝着更远的地方去，为什么要因为一次红灯而失意呢？”人生，就是失意与得意的交叉线，得意并不是永远的，失意却是我们不可避免的，而每一次的失意都将是人生的一次考验，经历了一次考验，我们便跨过了人生的一道坎，便成功地超越了自我。

一位从南方来的乞丐与一位从北方来的乞丐在路上相遇了。南方的乞丐惊讶地对北方乞丐说：“你真像我，我也多么像你，你的神情、服装、举止，甚至那个碗，几乎都和我的一模一样。”北方乞丐也很兴奋：“我觉得在遥远的过去，似乎早就与你相识了。”于是，两个乞丐彼此吸引，渐渐地爱上了对方。他们决定以后不再去天涯海角流浪讨饭，而是彼此依偎在一起。

有一天，南方乞丐看到北方乞丐拿着碗来找他，就问道："我们已经在一起了，你还拿着碗乞求什么？"北方乞丐说："这还需要问吗？我当然是要乞求你的爱啊。我知道你是爱我的，除了我之外，还有谁像我一样能与你有这么多相同点呢？"北方乞丐继续说："亲爱的，将你碗里满满的爱倒入我的空碗里吧，让我感受你无比的温暖。"南方乞丐回答说："我端的也是空碗，难道你没看见吗？我也想祈求你把你的爱倒入我的空碗呢。"北方乞丐一脸狐疑："我的碗是空的，我拿什么给你呢？"南方乞丐也很不满："难道我的碗就是满的吗？"

智者说："对所获得的心存感激，对该给予的积极付出，你才能走出失意，拥有精彩的人生。"少年们，在这个世界上，每个人都不是独立存在的，如果你想获得一些东西，就应该怀着感恩的心去付出一些东西。而且付出与收获在一定程度上是成正比的，你付出了多少，你就能够得到多少。我们要想在人生中获得成功，就一定要学会付出。因为怀着感恩，懂得付出，才能够引出源源不断的生命之水，帮助我们走过人生的低谷。

盲目坚持，你可能毫无所获

鲁迅曾经说过，这个世界上本没有路，走的人多了，也便成了路。人生之中原本没有那么多奇迹，尝试的人多了，才出现了奇迹。的确，人生路上有很多奇迹，这些都来自人们的坚持，也来自人们果断的放弃。我们羡慕很多成功者的辉煌和成就，却忘记了他们之所以能有今日，是因为他们能够独辟蹊径，不走寻常路。

现代社会，很多年轻人深谙贵在坚持的道理，对于自己不擅长的事情，他们也一味地坚持，最终毫无所获。曾经有人说，兴趣才是人生最好的老师。不管是工作还是学习，我们都要找到自己最擅长的领域并坚持下去，这样才能让我们的发展和进步更加快速，事半功倍。

很多人都曾经去过北京，也知道不到长城非好汉的道理。然而，到了北京是否去长城，是否亲自爬长城，也是需要我们根据自身情况来决定的。例如，年老体衰的朋友，就不要逞强爬长城。可以选择索道的方式去长城上，这样才能避免剧烈和过于劳累的运动对身体的伤害。生活之中也是如此。我们尽管羡慕其他人的成功，也一心一意想要获得成功，但是却要注意，不要照搬他人的成功之道，否则就会导致事与愿违。

现实生活中，很多朋友都喜欢做白日梦，白日梦虽然做的时候很美妙，但是却会耽误人们的很多时间，也会消磨人们的斗志，导致人们无法真正充满信心，努力奋斗。尤其是对于很多青春期男女而言，憧憬未来，但对于现状却不能展开行动切实改变，会使他们郁郁寡欢，更加意志消沉。

少年们，做美好的梦，对于每一个充满智慧的人而言，都是使人精神振奋的。但是对于不愿意正视现实甚至逃避现实的人而言，却容易堕落。因此，对于那些不切实际的梦想，我们必须坚决果断地放弃，这样才能鼓起勇气，认清现实，勇往直前。的确，要想果断放弃，最重要的就是勇敢地面对现实，理智分析现实的情况，才能对人生有清晰的规划和计划。要知道，美好的梦境如同水中花镜中月，毕竟只是梦境。与其在梦境中浪费宝贵的生命，不如从梦境中恢复清醒，让自己的人生真正踏上奔向罗马的道路。

所谓“舍得”，之所以是先舍后得，就是因为有舍才有得。很多人面对舍弃缺乏勇气，导致他们也错失了得到的机会。正如古人所说，鱼与熊掌不可兼得。任何情况下，我们都必须更加积极主动地面对人生，勇于舍弃，才能赢得更多的机会，让自己决战当下。少年们，记住，条条大路通罗马，人生没有绝境，唯有积极面对人生，我们才能得到人生的无限馈赠。

学会放下，不必负重前行

在漫长的人生之中，重要的事情有很多，但是并非每件事情都有意义。若我们背负着这些毫无意义的事情一路向前，必然觉得疲惫不堪。聪明的人不会在人生路上负重前行，而会积极地为自己减负。减负的方法就是，放下。

结婚3年来，小妮和老公的感情一直很好。然而，随着孩子的出生，小妮与老公的感情却越来越差，他们之间经常争吵。原来，小妮有了孩子之后，不想放弃工作，想让婆婆过来帮忙带孩子。但是公婆因为要留在家里带大儿子家的两个孩子，所以无法过来帮助小妮。对此，小妮意见很大，总是对老公说："你爸妈到底是怎么回事？你到底是不是他们亲生的？你要是他们亲生的，他们已经给你哥哥家里带了十几年的孩子，现在也该轮到帮我们带孩子了吧！我看，你爸妈对他的大孙子大孙女，比对你这个儿子要重视多了。"

就这样，每次吵架小妮都会拿出这番话来指责老公，刚开始时，小妮老公自觉父母偏心，也不敢反驳，然而随着小妮说的次数多了，她的老公也会愤愤地说："你想让他们带，就把孩子送回老家去。自己舍不得送，就别说人家不给你带。"由此一来，矛盾升级，小妮和老公吵得越来越厉害。渐渐地，小妮发现老公回家越来越晚，不由得着急起来。公婆是否来帮忙带孩子还是小事情，孩子不能连爸爸也没了呀。在咨询心理咨询师之后，小妮意识到自身存在的问题。在心理咨询师的建议下，小妮决定再也不提公婆不给带孩子的事，尊重和理解老公。

果不其然，一段时间之后，小妮和老公和好如初了，小妮也彻底放下了公婆不给带孩子的委屈和愤恨。

事例中的小妮假如继续埋怨公婆不给他们带孩子的事情，并且常常以此作为借口和老公吵架，那么日久天长，老公夹在小妮和自己的父母之间无法自处，必然会因为压抑出现各种问题，婚姻的稳定性也会受到很大的影响。其实，现实生活中的很多夫妻之所以吵架，并非因为多么重大的事情，而都是因为些鸡毛蒜皮的小事。尤其是女性朋友，因为心眼比较小，更要有意识地提醒自己放下那些对生活不利的事情，这样才能更好地与丈夫相处，也才能以宽容大度经营好自己的婚姻生活。

人生在世，总是面临各种各样的不愉快。在这种情况下，我们与其牢记这些不愉快，就像小妮一样时刻提醒身边的人这些不愉快的存在，导致感情恶化，不如及时放下这些不愉快，这样一来至少能够做到心宽体胖，也可以无忧无虑地面对生活。

少年们，从这个角度而言，学会放下是一种很重要的本领，能够帮助我们获得幸福和快乐的生活。

第05章

积极乐观，年轻的生命就要充满色彩和阳光

积极乐观，要永远朝气蓬勃

2018年3月14日，举世闻名的伟大科学家霍金去世了。霍金的去世让整个世界都为之惋惜哀叹，因为霍金为人类科学的发展作出了伟大的贡献。实际上，霍金是一个重度残疾者，他在21岁的时候，患上了严重的肌萎缩性侧索硬化症，这个病症又叫卢咖雷氏症。患有此症的人，生命随时可能结束，而且当时根本没有药物可以治愈此症，甚至连延续生命都做不到。得到这个消息，霍金和家人都如同遭遇晴天霹雳，要知道霍金才21岁啊，正处于人生中最好的青春年华。医生诊断，如果情况乐观，霍金还可以活两年。对于这样的诊断，家人简直痛不欲生，霍金向来乐观，反而在全家之中第一个恢复镇定，也当即决定要快乐充实地度过人生中最后的两年时间。

也许是因为霍金的乐观、积极和努力感动了命运，在霍金醉心于科学研究的过程中，命运没有对他太残酷。霍金居然打破了命运的魔咒，一年又一年地活了下来。他的生命力非常顽强，让很多医生都对此感到万分惊讶。有一次，霍金去参加学术报告，等到霍金作完报告之后，在自由提问的时间里，一名记者以很同情的语调问霍金：“霍金先生，您已经在轮椅上度过了二十年的时间，未来的人生中，您依然要以轮椅作为自己最亲密的伴侣，对此，您是否感觉命运不公，是否憎恶命运的安排呢？您觉得自己的一生是否太不值得呢？”这位记者的提问太犀利，原本会场上热烈的讨论马上消失，整个会场都陷入一片沉寂之中。大家都知道，这一定是霍金心中的隐痛，为此，他们不确定霍金将会如何回答这个问题，也不知道霍金是否会在这一生的痛苦面前失去控制，歇斯底里。

就在大家都纷纷表示担心的时候，霍金的脸上浮现出笑容。尽管只有一个手指头能动，但是霍金用这一个手指在键盘上敲击出答案：“我的大脑还能转动，我还有一个手指可以表达我的思想，我一生之中都在为了实现梦想而努力，我还拥有热爱我的家人和朋友，我也爱他们，这对于我的人生而言已经足够，因为我有一颗感恩的心……”看到这番话语，在场的人全都热泪盈眶，他们被霍金感动了，毫不犹豫给予霍金热烈的掌声。掌声经久不息，霍金的精神也长存不灭。如今霍金虽然已经离开了这个他恋恋不舍的世界，但是他永远活在人们的心里，他的名字也是科学历史上璀璨的明珠，照亮了无数后来者的路。

感恩生命还在延续，所以我们还能看见鸟语花香，还能感受心脏的跳动，还能让思维发声，还能与最爱的人彼此凝视。当拥有一颗感恩的心，我们就不会埋怨命运赐予我们的太少，也不会因此对命运怨声载道，而是能够发自内心真诚地感谢命运，也能够以坦然的心面对自己的一生。否则，一个自怨自怜的人，根本不配拥有好运气。与其浪费宝贵的时间和精力去抱怨，不如最大限度激发出人生的潜能，让人生充满奋发向上的力量。

一个人唯有保持内心的乐观和积极向上，才能拥有幸福美好的人生。否则总是在人生中悲观失望，自怨自怜，则很容易陷入生命的困境之中，甚至根本无法成功有效地改变命运。尤其是孩子，一定要从小养成积极乐观的好习惯，才能勇敢面对人生的逆境，才能突破人生的困境，超越和成就自我。

以形象的比喻而言，积极的人就像是太阳，总是能给自己的世界带来光明，也能给身边的人带来明媚的心情。而消极的人呢，他们总是自哀自怨，不但自己的内心充满消极的负能量，而且会给身边的人带来坏运气。不得不说，这样的人生是很悲观的，也会让好运气消失得无影无踪。当孩子从小养成积极乐观的好习惯，不管在人生中遭遇怎样的困境，都能够坦然面对，那么人生就会是积极向上的。思维也是有习惯性的，对于人生的态度更是会影响孩子们的一生。越是在小时候，正处于各种观念形成的关键时期，孩子们就越是要积极主动，形成良好的人生态度，也让人生有更好的状态，这样才能奠定孩子一生幸福的基础。

少年们，人生从来不是一帆风顺的，就像天气不可能永远晴朗一样。在人生之中，每个人都会感受到幸福快乐，也会面临很多困境。每个人都不要奢求人生静好，没有愁苦，包括孩子在内，人人都会遭遇人生的磨难。在遇到坎坷挫折的时候，一味地抱怨并不能解决问题，既然哭着也是一天，笑着也是一天，我们就应该笑着度过人生的每一天，这样也不枉来到人世间走一遭，更不枉在人生的道路上亲身经历一次。

生命是不可重来的过程，对于每个人而言都只有一次机会。如果因为怯懦就失去主宰生命的好时机，那么人生就会陷入更大的被动状态中，根本无法自拔。所以哪怕是孩子，也要对于人生怀着热情和激情，这样才能在人生之中有所成就，创造美好和充实的人生。

广结善缘，一些事情就会朝着好的方向发展

我们每个人，无论做什么事，都希望一帆风顺，但事实上，这只是我们的美好愿望，我们不可避免地要接受各种挑战和压力。但我们同时也会发现，那些懂得感恩的人，总能如一句古语所说“得道多助”，即使遇到再大的困难，也会迎刃而解。

生活中，当我们痛恨人生的过多磨难时，当我们感慨着人走茶凉时，当我们诉说着痛苦委屈时，我们可曾想过，当别人对我们施以帮助的时候，我们是否曾经加以感谢呢？

有位中国留学生，在刚到澳大利亚时，为了能够找到一份糊口的工作，骑着一辆破旧的自行车沿着环澳公路走了数日。替人放羊、割草、收庄稼、洗碗……只要能挣到一口饭吃，他就会暂且停下疲惫的脚步。

一天，在一家餐馆打工的他偶然间看见报纸上刊出了澳洲电讯公司的招聘启事，他就选择了线路监控员的职位去应聘。过五关斩六将，眼看他就要得到那年薪3.5万澳元的职位了，没想到招聘主管却给他出了一道难题："你有车吗？会开车吗？我们这份工作要时常外出，没有车寸步难行。"澳大利亚公民普遍都拥有私家车，没车的人简直寥若晨星，可这位留学生初来乍到还真就没有车。但是，为了能争取到这个极具诱惑力的工作，他不假思索地回答："有！我会开车……""那么四天后你就开着车来上班吧。"主管说。四天之内不仅要买车，还要学会开车，这谈何容易！但是为了生存，他只好孤注一掷了。

回去后，他向一位华人朋友借了500澳元，从旧车市场买了一辆外表丑陋的"甲壳虫"，然后开始学开车了。第一天，他跟华人朋友学简单的驾驶技术；第二天，他在朋友屋后的那块大草坪上摸索练习；第三天，他就能歪歪斜斜地开着车上公路了；第四天，他居然驾车去公司报了到！

后来，他终于成了澳洲电讯公司的一名业务主管。

我们可能都会感叹这名留学生拥有敢于置之死地而后生的

勇气，他大胆地抓住了这次难得的工作机会。但仔细看来，我们会发现，他有如此把握，进行生死一搏，关键在于他得到了朋友的帮助，假如他的朋友不为他提供500澳元的借款，他就没有买车的可能；假如他的华人朋友不教他驾车技术，他更不可能学会驾驶。可见“朋友多了路好走”这句话在其身上有了更为明显的体现。由此我们可以判断出，这位留学生一定是个有着良好人际关系的人，也因此在关键时刻，他才能得到朋友的帮助。

然而，我们怎样才能得到更多人的帮助呢？唯有感恩！感谢你的亲人，感谢你的朋友，感谢你的同事！以感恩的心态与周围的人相处，并付诸实践，不忘每天对他们说声“谢谢”，回报他们施以的任何一个小小的恩惠。这样，我们的人生之路才会走得越来越宽。

的确，在通往成功的道路上，很多满怀斗志的人总是会大声向世人宣告：“我要改变这个世界，我要在这个行业干出一番伟绩……”口号虽无比响亮，但结果也许是悄然无声的黯淡。因为他们发现，一个人的力量总是渺小的，当初的激情已经褪去了颜色。倘若他们能在平时用一种感恩的心态处世，那么，也不会在关键时刻无人相助。

所以，我们要想改变世界、获得成功，就必须抱着感恩的心态，在平时就要累积自己的人脉，获得良好的人缘。关键时刻，你的努力就会起到作用，那么挫折和困难也会迎刃而解。

少年们，每一个人都自成为一个世界。在努力改变世界之前，不妨先审视自己的天空，看看是否少了许多美丽的云彩。我们不要总是抱怨人走茶凉，在指责别人冷漠前，先反省自己，如果我们缺乏一颗感恩的心，又怎能要求别人容纳我们、接受我们，进而帮助我们呢？如果你能做到心态上的自我突破，那么，你的世界也会变得格外清新，前进的道路也都会变得顺畅得多！

脸上挂满微笑，快乐应该是人生主旋律

几十年前，在美国纽约，有个小男孩离开了人世。因为可恶的疾病，他的生命戛然而止，永远停留在十六岁。所有认识这个男孩的人，都为男孩的离世而悲痛，但是他们也都牢记着男孩的笑容。因为笑容，因为积极乐观的精神，男孩始终活在他们的心中，从来不曾离去。

男孩叫奥拓，是一名初中的学生。奥拓从小就很喜欢运动，进入初中之后，更是如愿以偿地加入学校的足球队，成为主力队员。在奥拓的带领下，整个足球队都表现出火一般的热情，也在球场上挥汗如雨，为学校赢得了很多荣誉。然而，奥拓突然觉得自己的左腿非常疼痛，有的时候，这种疼痛简直是钻心的，让他无法忍受。一开始，父母以为奥拓是因为过度运

动，所以才会导致腿部太过疲劳。没想到去医院检查之后，他们才发现奥拓患上了骨癌。为了保全性命，奥拓接受了截肢手术，同学们都为奥拓感到惋惜，因为奥拓以后再也不能踢球了。奥拓却乐观地说：“失去了一条腿，但是命保住了，我真是赚大发了。”后来，奥拓申请加入足球队，当后勤人员，教练答应了他的请求。此后，每当有足球训练或者比赛的时候，奥拓总是非常积极地提前去到赛场上，为队友们做好准备工作，也做好服务工作。

当大家都以为奥拓能够以这样的方式继续留在赛场上时，却发现奥拓缺席了。大家都很纳闷，不知道奥拓为何没有来到赛场上。比赛一结束，大家就找到教练打听消息，这才知道奥拓的癌症复发了，已经扩散到全身。大家都赶到医院里看望奥拓，奥拓脸色苍白地躺在病床上，依然笑着对大家说：“没关系，我很快就会回去的。”然而，奥拓没有再离开医院，一个月后，奥拓奄奄一息，对着来看自己的队友和同学们，他勉强笑着说：“我爱你们，我会永远和你们在一起的。”几天之后，才十六岁的奥拓离开了人世，每一个人认识他的人都深深地记住他，也以与他相伴而行人生之路而骄傲。

奥拓才十六岁，却身患绝症。他先是失去了自己的一条左腿，接着又失去了宝贵的生命。面对命运突如其来的打击，奥拓始终坚强地微笑着，不向厄运屈服，也把自己的力量传递给身边的每一个人。当厄运来袭的时候，笑着也是走过人生的最后一段路，哭着也是走过人生的最后一段路，那么我们是选择微笑还是哭泣呢？既然结果不能改变，我们不如笑着面对人生，点燃自己心中的希望之光，也带给他人更温暖的感受。

人世间的很多事情，的确是努力了就有结果的。但是有些事情是根本无法逆转的，即使努力去改变，拼尽全力地去做，也只能得到问心无愧和无怨无悔而已。既然如此，是放弃，还是顽强地坚持到最后一刻？真正的人生强者会选择后一个选项，因为他们知道生命的真谛不在于最终的结果如何，而在于过程。

也许有些孩子会说，努力了未必有回报。的确如此，命运就是这么神奇，也常常捉弄人，让努力付出的人也未必能够得到自己想要的结果。然而，换一个角度来想，努力了未必有回报，而不努力则绝无可能得到回报。这就意味着，相对于成功的可能性，努力远远比不努力更好。在感到伤心绝望、身心俱疲的时候，不如强颜欢笑吧。很多人对于情绪与行为之间的关系都存在误解，觉得是情绪影响人的行为，实际上，心理学家经过研究证实，人的行为也会反过来影响情绪。这就意味着当一个人强颜欢笑的时候，他的心情也会好起来。从这个角度而言，假装高兴，也能够真正地调动情绪，让自己真的高兴起来。

少年们，微笑是每个人最美丽的妆容，当一个人以微笑来装饰自己，他不但能够从微笑中汲取力量，也可以通过微笑把力量传递给其他人。微笑就像是一剂灵丹妙药，能够拯救人于水火之中，也能够帮助人们修复内心的伤口，化解心灵的伤痛。在人生的各种灾难之中，微笑着的人总是能够拥有更强大的力量，也能够鼓起勇气面对一切的坎坷挫折和风雨泥泞。记住，人生中没有过不去的坎，也没有绝对的绝境。

曾经有一位记者采访一位百岁老人，问这位经历过封建社会和战火与硝烟，历经千辛万苦才来到新时代新社会的老人，对于人生有怎样的感悟。老人笑着说了一个字——熬。乍听起来，这样的回答未免太过简单，也让那些憧憬对于人生的华丽感悟的人感到失望。而实际上，人生的真谛的确就是熬。只有熬过人生的艰难坎坷，只有在任何的逆境中都咬紧牙关不放弃，只有微笑着面对人生中的一切，只有始终怀着快乐的心境呈现出含泪的微笑，才能真正熬过人生中艰难的时刻，才能走过整整一个世纪，却对人生如此淡然从容。

每一个孩子都要学会承担命运的一切赐予，因为没有人能够改变命运，既然如此，不如调整好自己的心态，从容地迎接命运，坦然地面对命运。即使面对再大的伤害，只要心中有希望，只要始终以微笑面对一切，就能够最大限度激发生命的力量，从而给予人生无限的可能性。

凡事看开一点，终会心想事成

人生在世，谁都希望自己有个光明的前途，希望自己有所作为，但事实上，并不是所有人都能春风得意。此时，可能你会悲叹人生，可能你会否定自己，可能你会认为自己是天底下最不幸的人。对此，李白的诗句说得好："天生我材必有用，千金散尽还复来。"通常来讲，越是有所追求、越是想成就事业的人可能遇到的烦恼和痛苦就会越多，凡事豁达一点，看开一点，相信自己，终会心想事成。

包维尔自小就十分喜欢摄影，大学毕业后，他对摄影的热爱到了痴迷的程度，无心去挣钱工作。从此包维尔过着简单的生活，从不理会自己的生活是富有还是贫穷，只要能够摄影就够了。他穿着破裤子，吃着最简单的汉堡包，在别人眼里，他是困苦贫穷的象征，而包维尔自己却过得异常快乐。

在他27岁时，他的人物摄影技术开始登峰造极，成为世界公认的人物摄影大师，并为英国首相拍摄人物照，从此一发而不可收。至今他已为全世界100多位总统、首相拍过人物摄影。请他摄影的世界名流更是数不胜数，排队等候一两年是常事。包维尔成了一个真正的世界顶尖级摄影大师。

从包维尔的故事中，我们得知，在人生目标的实现中，一个人只有内心平静、努力充实自己，等待时机、不骄不躁，日子才会过得悠然自得、从容不迫，不去盲目羡慕别人，你才会找到自己的生活，完成你自己的事业。

我们发现，生活中，那些处世达观的人总是热爱生活、勇于奋斗，生活中的小烦恼对于他们根本不足挂齿，他们对未来充满了无限希望。而那些处世悲观的人，总感叹自己命运不济，于是，他们的生活过得空虚，月亮会使他们感到孤独，雪花会使他们感到寂寞，就是盛开的鲜花摆在他面前，他们也会感到花朵正在凋谢。人非草木，遇到不愉快的事情自然不会无所谓，然而现实不会因你的烦恼而改变，生活不会因你的痛苦而停顿。人生的路，需要你勇敢地面对、冷静地思考、明智地选择。

少年们，在人生旅途中，很多人为前途而烦恼，但如若遇到失败就气馁，自我放弃，又或自寻短见，走上自毁之途，试问又如何完成这漫长的人生旅程呢？再者，为了一时的失败而白白断送自己一生的前途，这又是否值得呢？

古语有云：谋事在人，成事在天。他们认为尽管尽了最大的努力去做一件事，而结果往往未必理想，此乃天命是也。当然，这并不是告诉人们要消极悲观地等待命运的宣判，而是要让我们明白，凡事达观，不可太过纠结。

心态改变，你的人生就会改变

心理学家马斯洛曾经说过这样一句话："心若改变，你的态度跟着改变；态度改变，你的习惯跟着改变；习惯改变，你的性格跟着改变；性格改变，你的人生跟着改变。"人生的事情，往往没有十全十美，因此在追逐梦想的路途中，我们不要迷失了方向，而要坚持最初的本心。一个人想要平凡而不平庸是很难做到的，琐碎的烦恼会把你拖累得丧失了生活的愉悦，最后你只能随波逐流地混日子。当你把生活仅当作活着来对待时，那么你做人的风格就大打折扣了。

有个老魔鬼看到人间的生活过得太幸福了，他说："我们要去扰乱一下，要不然魔鬼就不存在了。"

他先派了一个小魔鬼去扰乱一个农夫。因为他看到那农夫每天辛勤地工作，可是所得却少得可怜，但他还是那么快乐，非常知足。

小魔鬼就开始想，要怎样才能把农夫变坏呢？他就把农夫的田地变得很硬，让农夫知难而退。那农夫敲半天，做得好辛苦，但他只是休息一下，还是继续敲，没有一点抱怨。小魔鬼看到计策失败，只好摸摸鼻子回去了。

老魔鬼又派了第二个小魔鬼去。第二个小魔鬼想，既然让他更加辛苦也没有用，那就拿走他所拥有的东西吧！那小魔鬼就把他午餐的面包和水偷走了。他想，农夫做得那么辛苦，又累又饿，却连面包和水都不见了，这下子他一定会暴跳如雷！

农夫又渴又饿地到树下休息，想不到面包和水都不见了！“不晓得是哪个可怜的人比我更需要那块面包和水，如果这些东西能让他得温饱的话，那就好了。”又失败了，小魔鬼弃甲而逃。

老魔鬼觉得奇怪，难道没有任何办法能使这农夫变坏？就在这时第三个小魔鬼出来了。他对老魔鬼讲：“我有办法，一定能把他变坏。”小魔鬼先去跟农夫做朋友，农夫很高兴地和他做了朋友。因为魔鬼有预知的能力，他就告诉农夫，明年会有干旱，教农夫把稻种在湿地上，农夫便照做。结果第二年别人没有收成，只有农夫的收成满坑满谷，他就因此而富裕起来了。

小魔鬼又每年都对农夫说当年适合种什么，三年下来，这农夫就变得非常富有了。他又教农夫把米拿去酿酒贩卖，赚取更多的钱。慢慢地，农夫开始不种地了，靠着经济贩卖的方式，就能获得大量金钱。

有一天，老魔鬼来了，小魔鬼就告诉老魔鬼说：“您看！我现在要展现我的成果了。这农夫现在已经有猪的血液了。”只见农夫办了个晚宴，所有富有的人都来参加，喝最好的酒，吃最精美的餐点，还有好多的仆人侍候。他们恣意浪费，衣裳零乱，醉得不省人事，开始变得像猪一样痴肥愚蠢。

“您还会看到他身上有着狼的血液。”小魔鬼又说。这时，一个仆人端着葡萄酒出来，不小心跌了一跤。农夫就开始骂他：“你做事这么不小心！”“哎！主人，我们到现在都没有吃饭，饿得浑身无力。”“事情没有做完，你们怎么可以吃饭！”

老魔鬼见了，高兴地对小魔鬼说：“哎！你太了不起！你是怎么做到的？”小魔鬼说：“我只不过是让他拥有比他需要的更多而已，这样就可以引发他人性中的贪婪。”

这个故事告诉我们：我们在努力追求梦想的同时，千万不要忘了最初的本心。少年们，每个人诞生梦想之初，是为了寻找心灵的快乐。不过，当有一天我们在追逐梦想的过程中收获了太多关于名和利的东西，甚至心灵也被这些东西缠绕，深陷其中，不得自拔时，我们最初的本心已经改变了，因为名和利将我们内心深处的贪婪、自私唤醒了，我们最终只会为了名利去牺牲更多的东西，诸如爱、坚韧、勇气……那么，随着心的改变，态度以及性格的改变，我们的人生将不会是追逐梦想的美丽人生，只会成为沾满名利的肮脏之旅。

第06章

主动挑起担子，敢于承担意味着真正的长大

不找借口，遇事不为自己开脱

在墨西哥市的体育馆里，夜色如水，在寂静的赛道上，有一个人始终在一瘸一拐地跑着。这个人是来自坦桑尼亚的艾克瓦里，他来到墨西哥是代表祖国参加马拉松比赛的。那么，他为何一个人这么艰难地跑着呢？寂静的赛道上空无一人，而且夜色也渐渐地深沉浓重。仔细看去，艾克瓦里的两条腿上都流着血，鲜血已经浸透了绷带，这让他跑起来更加吃力。从他的面部表情上，就可以看出他正在承受巨大的痛苦。

艾克瓦里不知道，在体育馆的一个角落中，有一双眼睛正在热切地关注着他。这个人是格林斯潘。格林斯潘是举世闻名的纪录片制作人，他的镜头曾经记录了很多人的表现。终于，艾克瓦里到达了终点，如释重负般地瘫软在地上。格林斯潘终于按捺不住心中的好奇，也出于对艾克瓦里的关心，走近艾克瓦里问道：“你为何一定要坚持跑完呢？”艾克瓦里以虚弱的声音说：“我的国家远在两万公里之外，国家花费了很多财力才把我送到这里来参加比赛，不是让我放弃的。”对于自己的壮举，艾克瓦里没有任何抱怨，也不觉得自己多么伟大，而是把在起跑之后跑完整个比赛作为自己应该承担的责任。

艾克瓦里感动了全世界，然而他没有为自己找任何理由，也没有对自己进行任何标榜。同样，在决定不能放弃之前，他也没有找任何借口劝说自己放弃。仅从表面看起来，没有借口和理由的艾克瓦里是木讷的，没有豪言壮语，也没有为自己开脱。不得不说，他虽然在比赛结束很久之后才坚持跑完整个比赛，但是他有着无比强大的内心，也有资格赢得每一个人的尊重和信赖。

现实生活中，很多孩子都喜欢找借口，对于明明应该由他们承担的责任，他们也总是能够找出各种各样的借口，从而帮助自己推卸责任。不得不说，一切的借口都只能作为推卸责任之用，所以不管为何而找出的借口，都会导致孩子们面对更多的困境。那么，在责任和借口之间应该如何选择呢？选择借口，推卸责任，固然会感到很轻松，但是内心里会因为刻意逃避而变得更加沉重。大多数孩子在面对问题的时候都会感到非常懊丧，这是因为他们不够自信，也认为自己无法承担起所有的责任。实际上，面对责任，不管责任是轻是重，是大是小，要想获得成功，都有一个好方法可以面对，那就是绝不放弃。

很多孩子都喜欢看好莱坞大片，尤其喜欢看好莱坞的硬汉在大片中的出色表演。而细心的孩子会发现，这些好莱坞硬汉也是活生生的人，而不是神仙，他们不可能永远都轻松地解决问题，也会在各种危急的时候被打得鼻青脸肿，遇到前所未有的危机和困境。在这种情况下，他们是怎么办的呢？他们没有束手就擒，而是勇敢地激发起自身所有的力量，从而帮助自己勇往直前，最终战胜敌人。当然，生活不是好莱坞大片，很多时候也许孩子们已经非常努力，却未必能够完全战胜敌人。即使如此，也没有必要觉得懊恼，因为在放弃与失败之间，显然失败至少能给孩子们经验，这样在下次遇到同样的情况时，孩子们就会距离成功更近一步。

少年们，成长的过程中，每个人都要面临形形色色的失败，这是因为成长的过程就是不断失败，最终获得成功的过程。因而孩子们，不管是在生活中还是在学习中，当遇到各种困境和失败的时候，不要急于为自己找借口，而要花费更多的时间和精力反省自己，看看自己哪些地方需要改进，哪些地方还可以做得更好。

这样的反省，有助于孩子们获得更快的成长，也有助于孩子们在成长的过程中坚持进步。例如，当上学迟到的时候，不要说路上堵车了，可以告诉老师下一次一定会起得更早，把堵车的时间预留出来。再如，考试成绩不理想，不要告诉爸爸妈妈自己太粗心了，或者前一天睡得太晚，而要告诉爸爸妈妈自己下一次会更努力，避免这次的情况再发生。在面对问题的时候，要养成解决问题的积极思路，而不要总是一味地找借口，推卸责任，否则就无法获得成长。

少年们，记住，任何借口都是在推卸责任，唯有不断地努力向前，把借口彻底地忘在脑后，抛在身后，才能让自己无路可退，只能以进步的方式坚持前进和成长。

敢于承担是成熟的标志

里根小时候特别顽皮，每天除了睡觉外，就在不停地运动，是个活泼好动的孩子。年少时的里根尤其喜欢踢球，有一次，他在与小伙伴一起踢球的时候，不小心砸碎了邻居家的玻璃。在当时，玻璃的价值还很昂贵，为此小伙伴们吓得落荒而逃，而作为“罪魁祸首”的里根直接吓傻了，张大嘴巴傻傻地站在那里，一动不动。

邻居听到玻璃碎裂的声音，从房子里跑出来查看情况，里根赶紧向邻居道歉，还把打碎玻璃的情况讲给邻居听。邻居显然很生气，怒气冲冲地对里根说：“你这个孩子，一个人在这里踢球干什么！”邻居向里根索要十几美元的赔偿，这个数字对于里根而言无异于天文数字，他只能去向爸爸求助。出乎里根的预料，爸爸直截了当地拒绝了里根的请求，里根感到很绝望，不知道自己应该怎么办，因而失魂落魄地转身离开。这个时候，爸爸叫住里根，对里根说：“虽然我不愿意代替你承担赔偿责任，但是我可以借钱给你先赔偿邻居。借钱的时间是一年，一年之后，你必须把这些钱全部都还给我。”既然可以渡过眼前的难关，里根还是很高兴的，他当即从爸爸那里拿到十儿美元还给邻居，让邻居去购买玻璃，而后，他才开始认真思考如何在一年的时间里挣到这十几美元，到了约定期限后好还给爸爸。

为了尽快偿还爸爸的欠款，里根根据自己的能力，承接了很多活计。因为他勤劳肯干，才半年的时间，他就挣到了十几美元，将其还给爸爸。还完欠款的里根一身轻松，事后回想起当时的情形，他说："虽然我当时有些埋怨爸爸，觉得爸爸实在是太小气了，就连帮我赔偿玻璃都不愿意。但是现在我理解了爸爸的良苦用心，原来爸爸是想用这件事情告诉我什么是责任，也告诉我必须承担起自己的责任。"正是在爸爸用心的教养之下，里根小小年纪就深刻意识到责任的含义，也在责任的推动力下不断地学习和进步，最终成为美国总统入主白宫，在整个世界历史上留下了浓墨重彩的一笔。

才十一岁的孩子犯了错误，如果是在中国的家庭里，很多父母都会毫不犹豫地为孩子承担责任，而根本不会向孩子追究责任。这样的全盘包办和代劳，使得孩子们根本不懂得责任的含义。而在爸爸的"冷漠无情"之下，里根想方设法承担责任，也深刻理解了责任的意义。这样的教育看似很残酷，实际上却给予孩子心灵的触动，也让孩子在切实承担责任的过程中，真正成长起来。

孩子长大的标志是什么？有人说，孩子长到一定的岁数，就是成人了；有人说，孩子只有达到一定的身高，看起来变得更加强壮，才是长大了；有人说，孩子必须完成学业，才是长大了；还有人说，孩子必须结婚生子，才算是真正长大了……每个人对于孩子的成长都有自己的评价标准，实际上，孩子是否长大，不是以年龄、身高、是否结婚为标准的，而要看孩子是否懂得承担责任，是否能勇敢地承担责任。只有勇于承担责任的孩子，才是真正长大了，才能在人生的道路上肩负起更沉甸甸的责任，对自己和他人的人生负责。

父母总是盼望着孩子快快长大，当看到孩子勇敢承担责任的那一刻，父母是欣慰的；同样，孩子也总是希望自己快快长大，然而长大并不只是长高了，变得强壮了，而是内心坚定，能够以稚嫩的肩膀承担起所有的责任。成长，从来不是轻而易举就能实现的事情，成长总是要付出一定的代价。也许每个孩子在成长的过程中学会负责，都要付出更多，也要承担更多的痛苦、磨难，经历无数的坎坷和挫折，而这恰恰就是成长的代价，就是每个人必然经历的过程。

每个孩子都要避免一个误区，那就是孩子并不因为小就无须承担责任。每个人既然来到这个世界上，享受生命的馈赠，就同时要承担起各种各样的责任。在快快长大的梦想中，孩子们一定要不断地成长，在人生的道路上砥砺前行，才能坚持奋进，即使面对失败也绝不气馁，依然满怀信心，勇往直前。

要想承担起责任，除了不畏惧失败之外，还要保持坚定不移的自信。美国大名鼎鼎的总统林肯曾经说过，一个人要想成长，必须学会负责，一个人唯有不断地磨炼自己，才能真正强大起来。为了培养独立自主的优秀品格，孩子们还应该坚持自己的事情自己做，给予自己更加广阔的成长空间。要知道，孩子如果始终在父母的疼爱和无度的溺爱中成长，他们就无法真正地成长。

孩子要想拥有更强的独立生存能力，要想让自己真正强大起来，就要坚持自己的事情自己做，哪怕因为失败而吃一些苦头，失败同样能给成长以经验。在不断尝试的过程中，孩子们的能力才能不断发展，孩子才能获得真正的成长和进步。

主动为自己的错误承担责任，才能赢来尊重

华盛顿小时候特别顽皮，对于新鲜的事物，他总是想亲自尝试一下。有一次，父亲从外面回家，带回来一把锋利的小斧头。华盛顿马上就被这把小斧头吸引住了，他特别想找个地方尝试一下这把斧头是否锋利，到底能用来砍什么东西。不过，父亲还在家里，他只能欣赏斧头，却不能拿着斧头尝试。好不容易等到父亲离开家，华盛顿灵机一动，想到父亲曾经用大大的斧头一下子就把一棵粗壮的大树砍倒了，所以他也想试试这把小斧头能不能把一棵小树砍倒。

华盛顿拿着斧头在院子里走来走去，想找到一个粗细合适

的树，始终没有找到。突然，他想起自家后面有一片小树林，因而当即带着斧头来到树林里。果然，树林的树很多，华盛顿很快就选中一棵粗细适中的小树。他模仿父亲砍树时候的样子，把斧头高高地举起，等到斧头带着力量落在树干上时，小树应声倒下。华盛顿兴奋不已，暗暗想道：这把小斧头简直太神奇了，居然一下子就能把小树砍倒。父亲回家之后，发现他最爱的樱桃树已经变成了躺在地上的柴火，不免怒火中烧。他非常气愤，把全家人都问了个遍，最后才问到华盛顿。华盛顿虽然看到父亲生气很害怕，却还是勇敢地承认是自己砍掉了樱桃树。出乎华盛顿的预料，父亲非但没有声色俱厉地责骂他，反而亲切地把他揽入怀中，抚摸着他的脑袋，说："孩子，你能够勇敢地承担起自己的责任，对于爸爸而言比一百棵樱桃树更加珍贵。"

华盛顿因为拿着斧头太过兴奋，居然忘记了自家后面的树林里，有一棵爸爸最喜爱的樱桃树。他一心只想赶快验证斧头的威力，因而无意间砍掉了樱桃树。面对父亲的气愤，他没有选择逃避以推卸责任，而是勇敢地承认错误，承担起属于自己的责任，这对于小小年纪的华盛顿而言，是非常可贵的。

一个人唯有承认错误，承担起责任，才能赢得他人的尊重。否则，面对责任只想要逃避，则只会遭人鄙视和唾弃。事例中，父亲感受到华盛顿的勇气和力量，所以能够主动地原谅华盛顿，只因为华盛顿是一个勇于承认错误也勇敢承担责任的孩子，这使父亲感到非常欣慰。

在成长的过程中，孩子们难免会犯各种各样的错误。很多孩子因为担心犯错误之后被责骂和惩罚，所以选择以撒谎的方式拒绝承认错误，也借此机会逃避责任。殊不知，这对于成长是绝没有好处的，孩子还很容易因此而误入歧途。每个孩子都渴望得到父母的认可与尊重，尤其是随着孩子不断地成长，他们的自我意识越来越强，在这种情况下，他们更希望得到父母的平等对待。然而，尊重都是自己争取到的，孩子不要因为自己年纪还小，就给予自己很多的特权，也宽容自己，允许自己犯下很多错误。不管是孩子还是成人，要想获得他人的尊重，首先要学会尊重他人，这样才能得到他人以尊重作为回馈。否则，一个不懂得尊重他人的人，是不会得到他人尊重的。

尊重他人除了在态度上表现出恭敬之外，更要勇敢地承担责任。当孩子以真诚对待父母，也能够勇敢地承担起属于自己的责任，父母就得到了孩子的尊重。没有人愿意被以任何原因欺骗，父母如此，孩子也是如此。因此面对人生中的各种错误，孩子们一定要更加勇敢坚定，才能肩负起属于自己的责任，也给予他人应有的尊重。

很多孩子觉得自己还小，不需要承担责任，其实当孩子能够这么想的时候，就意味着孩子已经可以承担责任了。承担责任的好习惯要从小培养，才能让孩子在关键时刻勇敢地站出来，表现出自己的英勇气概。

无论如何，都不要一蹶不振、自暴自弃

人的一生总会遇到种种坎坷与不幸，有的人挺过去了，无论遭遇怎样的不幸，都微笑着面对生活；而有的人则被挫折击倒，从此一蹶不振、自暴自弃。这两种人的结局必然是不同的，前者一定会守得云开，柳暗花明又一村；而后者一定自甘堕落，再也看不到成功的可能性。

人生在世，哪能事事都如意？遭遇一时的困境并不代表一生都会困顿，人也不可能终生不犯一点错误。沉溺于眼前的痛苦或失败只能让自己止步不前、浪费青春和生命。那还不如挺起胸膛，将过去抛诸脑后，大踏步地前进，终有一天你会走出困境，重新拥有一个光明的未来。有一个哲人，他每通过一扇门，都会立即将身后的门关上，有人问他为什么这样做，他说："将身后的门关上，就是告诉自己要向前看、往前走，过去的种种都被关在门外，无论是辉煌还是失败，都和现在无关。"或许你的条件天生不如他人，出身没有他人好，关系没有他人硬，学历没有他人高，因此自怜自哀甚至自暴自弃，看见别人取得杰出的成就，只知羡慕妒忌，却从不去想自己是不是也能够取得这样的成绩，不去尝试就忙着否定自己，只是因为觉得自己不如别人。或许你也曾经做过一番努力，但暂时还没有发生预想中的改变，于是便立刻开始泄气、放弃，甚至产生破罐子破摔的念头，认为自己天生不如他人，再怎么努力也

没用，从此自甘堕落、不思进取。这两种人都是生活的失败者，他们永远不知道人的命运其实掌握在自己的手中，就算命是天定，经过后天的努力，运是可以改变的。

雷德聚，河南省南阳人。1984年，雷德聚正在上高三，是一个品学兼优的好学生。高考在即，他对未来充满了向往与信心，似乎已经看见了命运女神在向他招手，然而这一切在一瞬间被毁灭了。由于医生的误诊误治，他从一个活蹦乱跳的健壮青年变成了一个被担架抬出医院的残疾人。

双腿残疾的雷德聚常年卧床不起，生活不能自理，再也没有上学的可能性。生活的巨大落差令他痛不欲生，母亲的突发脑溢血离世更是加深了他厌世的心理。他觉得自己是个废人，活在世上除了拖累家人，没有一点用处。于是他开始诅咒上天的不公，怨恨命运的多舛，甚至想以死来寻求解脱。但是当绝食八天之后，雷德聚从昏迷中醒来，看见病榻前亲人痛苦的泪水，突然意识到自己的所作所为是在往亲人的伤口上撒盐。自己的生命是亲人给的，父母含辛茹苦将自己抚养成人，自己没有尽到一点孝心却要父亲白发人送黑发人，这是何等的不孝啊！虽然自己瘫痪了，但是生命还没有停止，只要有一口气在就绝不能轻言放弃。于是雷德聚咬紧牙关开始了艰难的求生之路。

在接下来的二十几年中，雷德聚再也没有自暴自弃过，他学着为自己扎针减轻痛苦，还咬牙坚持锻炼。在用拐杖支撑着能够用唯一的半只脚掌勉强移动时，他在自己家中开了一个小代销点，委托老父进货，自己靠着特制的高椅半立半坐地卖货。虽然一天下来，浑身上下像散了架一般疼痛难忍，但是他依然坚持下来了，并且一干就是十几年。除了在生活上能够养活自己之外，雷德聚也没有放弃学习，从小对文学创作感兴趣的他凭着顽强的毅力阅读了大量中外名著，然后试着自己开始写作，他将“有志者，事竟成，破釜沉舟，百二秦关终属楚；苦心人，天不负，卧薪尝胆，三千越甲可吞”作为自己的座右铭贴在床头，以惊人的毅力在短短几年时间内写出了数万字的读书笔记、百万字的书稿，并在各类报纸杂志上发表文章数百篇，同时获得各类征文奖项无数。2006年，《南阳日报》头版以《雷德聚，南阳的“张海迪”》为标题报道了雷德聚的事迹。他对记者说，如今他正着手创作构思了好几年的自传体长篇小说《半只脚掌走人生》。

若说苦难，雷德聚所经受的苦难可谓是深；若说打击，雷德聚所遭受的打击可谓是大。在成为“废人”之后，雷德聚也曾产生过自暴自弃的想法，甚至一度想放弃自己的生命。但是他终究跨过了人生的这道门槛，成为一个自立自强、奋斗不息的有用之人。

生活中，很多人所遭受的痛苦磨难与雷德聚相比，根本算不了什么，但是他们一蹶不振、自甘堕落，破罐子破摔，再也没有前进的勇气和信心，从此怨天尤人、庸庸碌碌地过完一生。这样的人是可耻的，也是可悲的，他们永远不知道没有冬天的孕育就没有真正的春天，没有经历挫折就没有精彩的人生。

所以，少年们，无论在什么时候，都请记住：上帝不会同情懦弱的人，人生也不相信眼泪，只有自强不息、奋斗不止的人才能最终品尝到生命的甜蜜！

缺乏责任感，就无法获得信任

客观因素和主观因素都会影响我们获得成功。所谓客观因素，也就是我们生存的外部环境，而主观因素，则是我们自身各种素质和观点形成的内部环境。内部环境有很多因素，其中最重要的因素就是责任感。细心的朋友们会发现，不管是企业招聘，还是女孩寻找人生的另一半，都会把责任感放在首位。的确，一个人如果缺乏责任感，就会没有担当，不管把工作还是自己的人生交给这样的人，无疑都是使人不敢放心的。可以说，责任感是我们的内部环境诸多组成要素中的核心因素。一个人只要有责任感，就能够督促自己承担起该负的责任，不管什么时候，都要求自己是个顶天立地的人。相反，一个人如果缺少责任感，就无法在危急关头成为顶天立地的人，也就无法成为值得依靠和可信赖的人。

在学习上，责任感为我们提供学习的内驱力。在工作上，责任感也是巨大的动力，能够促使我们积极主动地工作。我们唯有具备责任感，知道学习和工作对于我们人生的重要意义，才能满怀激情地投入学习和生活之中，从而发挥自身的巨大潜能，最大限度创造自身的价值，拥有成功的人生。

大学毕业后，金融专业的莹莹在父亲朋友的帮助下，进入上海最大的金融公司实习。当然，实习只是第一步，莹莹很想借此机会好好表现，争取留在这家公司继续工作。不过，莹莹并非急功近利的姑娘。她很清楚，如今是市场经济时代，每一家用人单位都不会养着闲人，自己只有表现出实力，才能在短暂的3个月实习期里，得到上司的认可与赏识，这样留下来自然也就多了几分希望。

和莹莹一起进入该公司实习的，还有其他9名实习生。毋庸置疑，大家都想留在这家公司，开始人生的辉煌之旅。因此，每个人似乎都铆足了劲，尽自己最大的努力好好表现，让上司钦点自己留下来。上司当然也需要利用这三个月的时间好好观察这些实习生，因而大家都各怀心事。

一个周五的下午，马上就要下班了，上司突然来到办公室，对同事们说："各位，我突然接到一个紧急任务，要求周一就要交活。有谁愿意牺牲周末的时间，加下班呢？"听到上司的话，大家全都面面相觑。上司接着说："当然，我知道时间紧迫，而且这个活儿正常需要5天才能干完，但是加上今天晚上，到交活只有两天和一晚上的时间。所以，大家都要斟酌一下，我也事先声明，没有金刚钻，别揽瓷器活。我需要漂亮地完成这次突击。”听到上司这么说，有几位同事索性低下头，生怕上司注意到自己。足足几分钟过去了，还是没有人愿意主动承担这份工作。这时，莹莹站起来说：“我来做吧，我正好借此机会学习一下。”上司有些迟疑地看着莹莹，毕竟这次时间紧、任务重，而莹莹又是新人。莹莹似乎看出上司的疑虑，因而说：“放心吧，领导。我保证完成任务。”

就这样，莹莹一个周末早起晚睡，在周日晚上圆满完成了任务，把做好的表格发到了上司的邮箱中。上司把表格交给客户之后，客户非常感谢，也因此，上司对莹莹感到很满意。当然，莹莹也为此付出了代价，看看她的两个黑眼圈就知道了。不过，对于自己能够有机会得到上司的认可与肯定，莹莹觉得一切付出都是值得的。果然，在3个月试用期满后，莹莹成为10个实习生之中留下来的两个实习生之一。

一个不愿意付出、不愿意承担责任的人，也必然无法证明自己的实力，更因为在危急关头的退缩，无法得到上司的认可与赏识。由此一来，上司有了好的机会，自然不会第一个想到他。所以在职场上，我们要想让自己出类拔萃，就要勇敢地承担责任，这样才能成功吸引上司的目光，走入上司的视野，才能更进一步地展示自己，让自己胜人一筹。

很多大学生也许会因为自己毕业的大学不是名牌大学，或者觉得自己的学历不如其他同事高，而感到自惭形秽。其实，这都不是最重要的。只要你拥有了敲门砖进入理想的公司，接下来就应该忘记自己的劣势，展示自己的优势——责任心。要知道，在任何一家公司，上司都会赏识那些有责任心的人。因为一位下属如果没有责任心，就无法把工作做好，必然也会给上司带来很多麻烦。

所以少年们，无论如何，我们都要拥有责任心。正如很多喜欢投资的人都知道高收益伴随着高风险一样，我们要想在职场上得到丰厚的回报，也就必然要承担更大的责任。

第07章

诚实守信，诚信是我们立于世的基础

要做诚实的好孩子

对于孩子而言，诚实是非常优秀的品质。如果孩子总是撒谎，那么他们最初因为撒谎而生的羞耻感就会消失，他们甚至会更加热衷于撒谎，而完全不觉得耻辱。在这种情况下，孩子的品质就会更加恶劣，孩子也会因此陷入成长的困境，无法健康快乐地成长。

每个孩子都处于形成各种观念、意志和品质的关键时期，因而养成诚实守信的优秀品质对于孩子而言非常重要。孩子的成长是一个漫长的过程，必须在各个方面都努力提升自己，才能打造自己的优秀品质，也让自己像一棵扎根深稳的大树一样，能够傲然屹立。有关诚实守信的故事，很多孩子在语文课本上都曾经学习过，那么他们也应该知道诚实对于自己成长的重要性。只有诚实的人，才能肩负起人生的重任，才能在人生的道路上不断前进，茁壮成长。否则，如果孩子的根原本就歪了，那么对于孩子而言，如何能够更好地发展和成就自己呢?

有一位伟大的人物曾经说过：一个人在独处的时候，更能够彰显他优秀的品质。的确，在与他人相处的时候，一个人会受到各种各样的约束，也会为了维护自己的形象，刻意地表现

更好。然而，在自己独处的时候，人的本性就会表现出来，也会变得更加自由和随性。所以孩子要有诚实的品质，不仅要在他人面前表现出诚实，更要在独处的时候也依然坚持诚实的原则，这样才能最大限度铸就自己的优秀品质，才能更好地立足于社会。

对于每个少年而言，诚实都是一生之中最重要的资本。人生而平等，不管你是出生在富裕的家庭中，还是出生在贫穷的家庭中，你们的人格都是平等的，你们的优秀品质也必将为自己增光添彩。从这个角度而言，每个孩子都要努力提升自己的品质，铸就自己的诚信，这样才能更好地立足于世，也才能在人际相处中赢得他人的认可和肯定，为自己赚取好口碑。

诚信待人，才能在与他人的良好互动中拥有好人缘

作为一家图书公司的编辑，小杜平时很喜欢写文章，渐渐地写了很多散文，就想把散文集成书籍出版。在向几家公司投稿之后，小杜一直等着接到出版社的电话，却始终没有结果。眼看着就要六一儿童节了，小杜允诺女儿，要陪伴女儿一起去游乐场玩耍。

儿童节当天上午十点，小杜和女儿正在游乐场里玩呢，突然接到出版社的电话。原来，一家规模比较大的出版社看中

小杜的选题，想与小杜合作完成文集的出版。出版社的负责人邀请小杜当天下午去出版社面谈，小杜说："很抱歉，我很愿意与贵社合作，不过今天是儿童节，我几天前就答应女儿要陪她在游乐场玩。所以，我想明天拜访贵社。"负责人听到小杜的话，寒暄几句就挂断了电话。看起来，出版社似乎急于见到小杜，没过多久，社长也打来电话，邀请小杜面谈。小杜依然不为所动，尽管懂事的女儿告诉小杜："爸爸，我已经玩好了，您去忙工作吧！"小杜却说："没关系，爸爸答应陪你过六一，就一定会陪你。工作的事情尽管重要，却没有我对女儿的承诺重要。"就在说话的时候，小杜与社长的电话还没有挂断，为此社长听到小杜的话，也觉得非常感动。

次日，社长一见到小杜，就夸赞小杜是个信守承诺的好爸爸，还问小杜在教养孩子的过程中有没有心得和体会，也很愿意和小杜合作呢！

小杜因为努力兑现对女儿的诺言，所以不但赢得了女儿的乖巧懂事，也赢得了社长的尊重和认可。由此可见，不管与任何人相处，我们都要讲究诚信，因为诚信是人际关系的黏合剂，能够让人与人之间的关系更加亲密无间。在诚信的人际关系互动中，人与人之间的感情还会变得更加深厚。人是感情动物，当人与人之间彼此付出，真心相待，人际关系自然会朝着好的方向发展。

现代社会，人际关系被提升到前所未有的高度，很多人都意识到要想获得成功，除了要天时地利之外，人和也是必不可少的关键因素。人际资源更是被视为一个人最重要的资源，成为人们获得成功必不可少的条件之一。在人际关系的建立和维护之中，诚信也起到了非常重要的作用。唯有诚信的人，才能坚持兑现自己的诺言，才能在与他人的良好互动中建立人际关系。否则，一个人如果总是对人不真诚，也从来不遵守自己的承诺，则必然遭到很多人的唾弃，甚至导致人际关系恶劣。由此可见，现代社会要想拥有好人缘，要想得到大多数人的认可和肯定，我们就要讲究诚信。

很多孩子误以为自己还小，就丝毫不讲究诚信，觉得诚信是与自己八竿子打不着的事情。殊不知，年纪并不是诚信的分水岭，孩子从懂事之时开始，就应该成为一个诚信的人。民间有句俗话，叫作“三岁看老”。这句话的意思就是说，一个人具有怎样的品质，未来会成为怎样的人，也许从他三岁的时候就可以看出一定的端倪。所以，即便孩子还小，父母也要注重培养孩子诚信的品质。等到孩子渐渐长大，拥有独立自主的意识，就更应该积极主动，以诚信待人，也以诚信立世。

从人际交往的角度而言，诚信更像是人际关系的黏合剂。一个不够诚信的人，很难与他人相处，也常常因为不守诺言、缺乏诚信，而遭到他人的唾弃。相比之下，只有真正把诚信放在做人做事第一位的人，才能最大限度发展人脉，也以自己的诚信赢得他人的尊重和认可。总而言之，不管是成人还是孩子，在为人处世中，都要把诚信放在第一位，才能卓有成效地建立良好的人际关系，才能真正为自己的成功奠定良好的人脉基础。

展现真诚，才能交到好朋友

利比是一位非常聪明的男性，为了在事业上有更好的发展，他费尽心思追求上司的女儿，最终坐到了公司里的第一把交椅。然而，随着金融危机的到来，利比陷入了困境，根本无法成功地渡过难关。无奈之下，他只好承诺手底下几个忠心耿耿的员工："如今是公司的非常时期，你们只要追随我，帮助我渡过难关，等到金融危机之后，我一定会给大家升职加薪。"有了利比的承诺，这几位员工虽然没有拿到足够的薪水，也依然全心全意投入到公司中去。大概半年之后，利比终于渡过了难关。

这个时候，员工们都等着利比兑现诺言了。然而，利比迟迟没有动静，根本不想把自己对员工的承诺变成现实。终于有员工忍不住，找到利比，问："利比，如今金融危机已经过去了，你是不是该兑现承诺了？这半年多来，我们的家里都快揭不开锅了，但是都知道你的难处，因而从来没有和你提过什么要求。"利比惊讶地看着员工，说："我不是已经给你们涨了

10%的薪水吗？”员工惊讶地看着利比：“但是当初，你说不但要补足少发的薪水，还要给我们加薪至少30%。”利比对于员工的话不置可否，被催促得急了，他还对员工说：“不要这么挑三拣四啦，我在金融危机期间没有辞退你们，还照常给你们发一部分薪水就不错了，我也是在帮助你们渡过难关啊。”员工这才看清楚利比的嘴脸，全都对利比失望至极。后来，公司因为经营不善再次遇到危机，利比又想让员工们帮助他一起渡过难关，但是员工们全都选择了辞职，义无反顾地离开利比。他们对利比说：“你这种不懂得真诚待人的人，根本不配得到我们全心全意的支持和帮助。”就这样，公司因为危机而陷入困境，在这个时候，妻子也提出离婚，因为她对于缺乏诚信的利比也毫无信心了。

一个人不管是想把事业做好，还是想把生活经营好，都要拥有真诚的品质，也真正做到真诚待人。一个人如果太虚伪，总是以虚情假意对待他人，也许能欺骗得了他人一时，却不能欺骗他人一生一世。这个世界上，没有谁比谁更聪明，一个人之所以被欺骗，只是因为他比较善良而已。所以我们也不要自以为聪明，不要觉得别人就是好骗的。唯有真诚待人，绝不欺诈他人，才能让我们与他人之间的交往更加长久，也与他人之间感情更加深厚，彼此真心相待。

由于20世纪80年代的独生子女政策，如今很多家庭中都只有一个孩子，因而孩子们都很渴望友谊，也希望能够交到真心相待的朋友。然而，也许是因为作为家庭里唯一的孩子已经独来独往习惯了，所以很多孩子并不真正懂得如何交朋友。在家庭生活中，因为一直以来都被父母和长辈呵护，享受家人所有的爱，也总是独自享受所有的玩具、美食，渐渐地，孩子就不会分享，也无法真诚地对待朋友。这也是为什么如今有很多孩子都不会交朋友，更无法与朋友和谐相处。

交朋友，真诚是第一原则，也是唯一的方法。唯有以真诚叩门，孩子们才能敲开朋友的心扉，才能在与朋友相处的过程中更好地与朋友分享，最终让自己与朋友之间的情意越来越深厚。一个人如果不真诚，对待朋友总是三心二意、虚情假意，那么朋友一定会有所觉察，也不会愿意与他深入交往。还有的人对待朋友不但不真诚，而且虚情假意，对朋友说过的很多话都无法兑现，变成了空话，在这种情况下，他们如何能够得到朋友的信任和尊重呢？人与人之间，最重要的就是彼此真诚相待，如果没有真诚作为人际相处的基调，就会导致彼此之间陷入猜忌和疑虑之中，也会导致人际关系越来越疏远，甚至走向恶劣。所以如果你曾经有过对朋友食言的行为，就要花费更多的努力，才能挽回自己在朋友心目中的恶劣印象，才能再次在朋友心中树立威信，让自己与朋友的关系更好地发展。

遗憾的是，现代社会有很多的人诚信意识都很薄弱，他们总是接二连三地上演虚伪的悲剧。在欺骗中，他们不但失去了朋友的信任，也导致自己举步维艰。虽然很多人都知道“一诺千金”的重要性，但是面对各种各样的诱惑，面对如同无底深渊一般的欲望，他们很容易就会放弃对人生的坚持，放弃对内心的坚守。

当诚信之花凋零，人们还如何立足于世，又如何能最大限度维护好人际关系呢？孩子们，不管出于什么原因，都不要轻易地撒谎，因为诚信的建立是很艰难的过程，而一次谎言就足以毁掉诚信。在这种情况下，要想再重建诚信，则是难上加难。不诚信的人也许能获得眼前的短暂利益，但唯有诚信，才能帮助孩子们立足于世，才能让孩子们在漫长的成长过程中，始终不忘初心，砥砺前行。

诚信应该是我们永久的伴侣之一

诚信是一个人的立身之本，是一切美德和能力的基础，如果失去了诚信，将失去一切。人可能有许多美德：勇敢、智慧、服务、创造力、帮助、乐观等；但如果一个人不诚实，说假话，这一切都将失去，因为基础没有了。

在国内，2001年高考，江苏一位考生的作文题目是《赤兔之死》，作者以三国故事为基础，编撰了赤兔马为诚信而殒身的故事，感动了许多人。

建安二十六年（公元221年），关羽走麦城，兵败遭擒，拒降，为孙权所害。其坐骑赤兔马为孙权赐予马忠。

一日，马忠上表：赤兔马绝食数日，不久将亡。孙权大惊，急访江东名士伯喜。此人乃伯乐之后，人言其精通马语。

马忠引伯喜回府，至槽间，但见赤兔马伏于地，哀嘶不止。众人不解，惟伯喜知之。伯喜遣散诸人，抚其背叹道：“昔日曹操做《龟虽寿》，‘老骥伏枥，志在千里。烈士暮年，壮心不已。’吾深知君念关将军之恩义，欲从之于地下。然当日吕奉先白门楼殒命，亦未见君如此相依，为何今日这等轻生，岂不负君千里之志哉？”

赤兔马哀嘶一声，叹道：“予尝闻，‘鸟之将死，其鸣也哀；人之将死，其言也善。’今幸遇先生，吾可将肺腑之言相告。吾生于西凉，后为董卓所获，此人飞扬跋扈，杀少帝，卧龙床，实为汉贼，吾深恨之。”

伯喜点头，曰：“后闻李儒献计，将君赠予吕布，吕布乃天下第一勇将，众皆言，‘人中吕布，马中赤兔。’想来当不负君之志也。”

赤兔马叹曰：“公言差矣。吕布此人最是无信，为荣华而杀丁原，为美色而刺董卓，投刘备而夺其徐州，结袁绍而斩其婚使。‘人无信不立’，与此等无诚信之人齐名，实为吾平生之大耻！后吾归于曹操，其手下虽猛将如云，却无人可称英雄。吾恐今生只辱于奴隶人之手，骈死于槽枥之间。后曹操将吾赠予关将军；吾曾于虎牢关前见其武勇，白门楼上见其恩义，仰慕已久。关将军见吾亦大喜，拜谢曹操。操问何故如此，关将军答曰：‘吾知此马日行千里，今幸得之，他日若知兄长下落，可一日而得见矣。’其人诚信如此。常言道：‘鸟随鸾凤飞腾远，人伴贤良品质高。’吾敢不以死相报乎？”伯喜闻之，叹曰：“人皆言关将军乃诚信之士，今日所闻，果真如此。”

赤兔马泣曰：“吾尝慕不食周粟之伯夷、叔齐之高义。玉可碎而不可损其白，竹可破而不可毁其节。士为知己者死，人因诚信而存，吾安肯食吴粟而苟活于世间？”言罢，伏地而亡。

伯喜放声痛哭，曰：“物犹如此，人何以堪？”后奏于孙权。权闻之亦泣：“吾不知云长诚信如此，今此忠义之士为吾所害，吾何面目见天下苍生？”后孙权传旨，将关羽父子并赤兔马厚葬。

马犹如此，人何以堪？

每个人在希望别人对自己诚信、守诺时都要了解，别人也怀有如此的渴望。诚信如同一轮明月，其光辉普照大地，驱尽人间的阴影。它散发出了光辉，可是，它并没有失去什么，仍然那么皎洁明丽。诚信待人，付出的是真诚和信任，赢得的是友谊和尊重；诚信如一束玫瑰的芬芳，能打动有情人的心。

无论时空如何变幻，它都闪烁着诱人的光芒。有了它，生活就有了芬芳；有了它，人生就有了追求！

因为我们期待诚信，所以诚信在那些淳朴美丽的人们心中生根发芽，市井的喧嚣和霓虹灯的艳影淹没不了它的光华。

因为诚信，蔺相如才会手执和氏璧在秦王殿上慷慨陈词，他深知秦王的阴险与贪婪，但为了那完璧归赵的诺言，他英勇地捍卫国家的利益和个人心灵深处那份不朽的契约。

因为诚信，“文不能安邦，武不能服众”的宋江才能坐上聚义厅的头把交椅，将替天行道的大旗扯得迎风飘扬。

追溯中国悠久的文明史，“信”可以说是儒家文化核心价值之一。中国的君子以信为立身之本和待人的黄金原则。

人说潘石屹是商人中的君子，他认为，诚信、诚实是最有力量解决所有问题的手段。他以自己的亲身经历，诠释了诚信这一品格的力量。

“1998年发生了现代城销售人员一夜之间被竞争对手挖走的事件。我的办法是把我知道的所有的真实情况一字不落地通过媒体告诉大众，告诉关注这件事的人，让大家都了解真相，最后我们得到了社会最广泛的同情和支持。这件事情非但没有给我们带来损失，反而使我们的营业额剧增。后来报名加入我们销售队伍的人员达到几千人。另一件事是2001年现代城的氨气事件，房子里出现了氨气。我们马上会同施工单位一起查找原因，最后发现是混凝土的添加剂造成的。当天，我们向所有的客户写公开信说明原因，并公开道歉，在全世界的范围内求购消除氨气的设备和技术。同时，如果有愿意退房的客户，加

10%的回报无理由退房。这是我们和混凝土搅拌站一起犯的错误，但我们非常诚实地说明了事情的真相，得到了绝大部分客户的同情和理解。”

子曰：“人而无信，不知其可也。”古往今来的伟人或社会精英莫不是以诚信为本，所以才能实现人生的辉煌。人年轻时要赶快积累知识和财富，同样也要注重德行的修养。诚信是人生最大的美德，它像一根小小的火柴，燃亮一片心空；像一片小小的绿叶，倾倒一个季节；像一朵小小的浪花，飞溅起整个海洋。

第08章

谦虚低调，常怀空杯心态，人生不断进步

年轻不可气盛，更不可骄傲自负

大名鼎鼎的艺术大师梅兰芳是一个非常谦虚低调的人，他之所以在艺术上有这么高的造诣，是因为他总是能够虚心采纳人们的建议，也积极地提升自己的表演。

有一次，梅兰芳在大剧院演出，正当演出非常精彩、所有听众都凝神细听的时候，在舞台上表演的梅兰芳听到一个不和谐的声音，这个声音接连喊道："不好，不好！"梅兰芳仔细看看台下，发现声音是一位白发苍苍的布衣老人发出的。表演结束后，梅兰芳来不及卸妆，第一时间就去台下找老人。为了得到老人的指点，梅兰芳还让自己的专车把老人送到他的居住地，然后毕恭毕敬地向老人讨教，希望能从老人那里听到真知灼见。

看到梅兰芳对自己待若上宾，老人也很知足。因而在梅兰芳向老人请教的时候，老人坦诚地说："根据'梨园'的规定，惜姣上下楼的时候应该七上八下，但是你今天走得却是八上八下，这完全不符合梨园的规矩啊！"听到老人的话，梅兰芳知道老人是行家，因而当即真诚地表示感谢，也为自己的疏漏向老人道歉。后来，每次有演出的时候，梅兰芳都让专车去接老人看戏，然后在表演结束后就像一个虚心好学的学生一样，请老人指点，并且对演出不当的地方立即改正。

梅兰芳是一代京剧大师，之所以能在艺术领域有这么高的造诣，就是因为他总是能够虚心求教，也积极地改正。青少年当然还有很多需要学习的地方，更应该保持谦虚的心态，才能在发现自己犯错误之后当机立断反省自己，也努力积极地改正自己。

才几岁的孩子就知道“虚心使人进步，骄傲使人落后”的道理，古人也说“满招损，谦受益”，但是真正能够做到虚心上进的人少之又少。人总是有虚荣心的，尤其是在现代社会，人们都非常浮躁，每个人都希望以最快的速度实现自己的目标，达成自己的心愿，越来越多的人都忘记了，人生还是需要一些精神上的支撑作为脊梁的。

孩子正处于成长的关键时期，一定要端正心态，摆正态度，从而在人生中挺起脊梁，既昂首向前，又谦虚低调，这样才能不断进步。从本质上而言，谦虚是一种难能可贵的品质。不可否认的是，这个世界上并没有绝对完美的人存在，每个人既有优点和长处，也或多或少会有一些缺点和不足。不仅是孩子，就算是成人，也不能保证自己永远不犯错误。尤其是孩子正处于成长的过程中，他们更容易因为各种原因犯错误。实际上，犯错并不可怕，可怕的是一个人犯了错误之后无法意识到自己的错误，或者因为固执，他明知道自己错了，却依然错上加错，继续坚持错误。这样一来，结果当然会非常严重，也会无法挽回。

为何人们不愿意承认自己的错误呢？这与骄傲自满是分不开的。很多人无法接纳自己的错误，他们骄傲地觉得自己是完美的，还错误地认为自己永远不会犯错。要想改变他们的这种状态，就要让他们知道每个人都会犯错，很多人都是踩着错误的阶梯才能不断进步和成长的。唯有拥有这样的心态，才能主动反省自己。尤其是对于孩子而言，能够意识到自己的错误，积极主动地改正错误，是非常重要的。因为自我反省恰恰是每个人不断进步的方式，否则有了错误也不认错，只会导致错上加错。

现代社会，整个社会的风气都是浮躁的，因而骄傲自满的人越来越多，而谦虚低调的人却越来越少。细心的孩子们会发现，在丰收的季节，越是低垂着头的麦穗，越是拥有丰硕的果实，而越是高高昂起头的麦穗，越是腹中空空。作为人类，我们也要向麦穗学习，不要因为自己拥有一些知识就趾高气扬，因为真正博学多才的人更知道自己掌握的知识是有限的，而在自己掌握的知识之外，还有一个无限浩瀚的知识海洋。

所以少年们，更应该带头抵制社会中的浮夸之风，也彻底消除心中的骄傲自满。唯有更多地反省自己，虚心地向他人求教，我们才能在成长的道路上更加稳扎稳打，走好每一步。

放低姿态，才有更大的进步

如今，各个国家的顶尖人才，都以能够获得诺贝尔奖为毕生最高的追求目标。前些年，中国的莫言获得了诺贝尔文学奖，化学家屠呦呦获得了诺贝尔化学奖，这不但是他们个人的荣誉，也是整个国家的荣誉，是值得举国欢庆的事情。那么，诺贝尔奖有何与众不同的，居然让各个国家的顶尖人才都对这个至高无上的奖项十分重视呢？这是因为诺贝尔本身就是一位伟大的化学家，为人类和整个世界的进步都起到了巨大的推动作用。

诺贝尔是瑞典籍的化学家，他一生之中做出了伟大的成就，是受人瞩目和人人敬仰的科学家。然而，尽管诺贝尔在科学的道路上创造了很多奇迹，但是他本身是非常低调而又谦虚的。有一次，瑞典的一家出版社想出版当代名人集，毫无疑问，他们第一时间就想到了诺贝尔，因而想方设法联系上诺贝尔，并且把想把诺贝尔作为当代名人之首的想法告诉诺贝尔。不想，出版社的负责人话音刚落，诺贝尔就连声拒绝：“我知道这些书都是非常有趣且有价值的，但是我只是一个平平常常的人，我觉得我还没有资格被列入名人集，也不想被列入名人集。”就这样，诺贝尔拒绝了出版社的请求。

诺贝尔的谦虚低调是真正的谦虚低调，这不仅表现在他拒绝了出版社的请求，就是哥哥要续写家谱，需要诺贝尔的自传时，诺贝尔也如此形容自己："我是诺贝尔，我很平凡，也很可怜，我出生的时候差点儿死在医生手中。我总是能保持个人卫生，这是我最引以为傲的。但是我的脾气很糟糕，我没有妻子，孤独终老，我只希望自己不要被活埋……"收到这样的自传，哥哥感到啼笑皆非，诺贝尔是他们整个家族最有成就的人，也是举世闻名的科学家，如何能够就这样完成自传呢？为此，哥哥当即询问诺贝尔为何不把自传写得更翔实，诺贝尔却说自己的人生只是浩瀚宇宙的沧海一粟，根本没有什么可写的。就这样，诺贝尔为人类和整个世界都作出了伟大的贡献，但是他对于自己的评价总是寥寥数语。

当一个人知道得很少，他就会感到沾沾自喜，就像井底之蛙从来没有意识到自己生活在井底这个现实，反而觉得很满足，也常常对自己有过高的评价；当一个人知道得很多，他就会知道这个世界是很大的，整个宇宙更是无边无沿，苍茫浩渺，在这种情况下，他不敢说自己懂得多少，也不认为自己是这个世界不可或缺的，为此他只是保持谦虚低调的姿态，也始终努力地学习，坚持进步。

很多孩子误以为在人生之中保持谦虚低调的姿态是怯懦的表现，是不敢证明和肯定自己。其实，这种想法完全是错误的。谦虚低调不是怯懦，而是人生的大智慧，是真正参透人生真谛的人，才能作出的理智选择。宇宙如此浩渺，每个人的人生对于自己而言也许是漫长的，但是对于整个宇宙来说如同白驹过隙，甚至根本无法留下任何痕迹。在这种情况下，我们除了努力认真地经营好人生，还有什么其他的选择呢？

当少年们学会低姿态，以谦虚的姿态对待人生，对待他人，那么就会有所收敛，绝不让所知甚少的自己表现出张狂的样子。谦虚低调还有助于孩子们保持理性，人们常说愤怒使人的智商瞬间降低，实际上，过于骄傲自满，也会让人对自己失去公正的评价和判断，导致在面对人生中的很多情境时，无法作出理智的选择和判断。

保持空杯心态，你的心才能装入更多东西

有一天上课的时候，教授拿着一个空空的杯子来到教室里。同学们都很奇怪，不知道教授的葫芦里卖的是什么药，因而全都注视着教授。只见教授拿出一些石块，将其装入杯子里，直到把杯子装满。教授问同学们："现在，你们觉得杯子还能继续装入吗？"同学们异口同声地回答："不能！"教授不置可否地笑了笑，又拿出一些小石子，然后开始往杯子里装入石子。同学们惊讶地看着教授，这时，教授又说："那么接下来，杯子里还能装入吗？"有些同学有了上一次的经验，不敢直接回答教授，而是陷入思考之中，而有些同学恰恰相反，他们觉得杯子里已经装了石块和石子，下次肯定不能再装入东

西了，为此他们继续异口同声地回答："不能！"

教授依然对同学们的回答不发表任何意见，而是继续往杯子里装入更加细小的沙子。果然，沙子很快就沿着石块和石子形成的缝隙流入杯子底部，转眼之间，杯子里又装入了一些沙子。等到教授再次询问同学们杯子里是否还能装入东西时，同学们你看看我，我看看你，谁也不愿意表态。教授又拿出一杯水，缓缓地朝着装满石块、石子和沙子的杯子里倒入。很快，又倒入了半杯水。同学们议论纷纷，都觉得很神奇。这时，教授才语重心长地教育同学们："很多时候，你们以为自己已经学到了足够的知识，却不知道你们还需要学习更多知识。每个人都像这个杯子，看起来已经满了，其实还能装入很多不同的东西。所以最重要的是要常怀空杯心态，这样才能不断地努力上进，才能抓住各种机会不断充实自己。"

听了教授的教诲，同学们纷纷点头，他们觉得教授说得很有道理，也意识到保持空杯心态的重要性。

所谓空杯心态，就是不断地清空自己，把自己当成一个杯子，让自己始终保持空杯的状态。这样一来，才能不断地向杯子里加入更多的东西，才能坚持学习和进步。尤其是在学习方面，每个孩子都要保持空杯心态，而不要自以为是地认为自己已经掌握了足够的知识，否则还如何能做到主动学习呢？

在成长的过程中，孩子们不断地汲取知识的养分，也不断地产生心灵的垃圾。这其实与身体的成长有着异曲同工之妙，为了给身体提供充足的养分，我们在不断地摄入营养，与此同时，也不断地清理身体的垃圾。那么除了清理身体的垃圾外，我们还要定时地清理心灵的垃圾，这样才能保持对于知识的吸收速度，才能最大限度地让自己不断学习，坚持进步。

对于每个孩子而言，自满都是成长的最大阻力和绊脚石。当孩子觉得自己已经学到了足够多的知识，而不愿意继续学习的时候，这正意味着他们要停止进步，止步不前。因而每个孩子都要怀着谦虚的心态，不断地清空自己的心灵，也坚持怀着对学习的热情和充足的动力。众所周知，学校的教学总是环环相扣，一环紧扣一环的，在这种情况下，孩子们为了让自己保持心灵的空间，还可以在认真复习当天所学的知识之后，暂时放下旧有的知识，从而腾出心灵的空间和心力，来学习新的知识。

千万不要小看暂时放下旧有知识的技能，能够做到这一点的孩子，往往能够心无旁骛、全心全意地学习新知识，因而学习的效果是非常好的，学习的效率也是很高的。从本质上而言，暂时放下旧有的知识，其实也是一种空杯心态的体现，当孩子面对每天的学习都有一个空空的心杯，他们就会像海绵吸水一样，高效地接纳与吸收知识，如饥似渴，绝不对知识懈怠。

谦虚低调，青少年不可恃才傲物

孔子的“三人行，必有我师焉”这句话，受到后代知识分子的极力赞赏。他虚心向别人学习的精神十分可贵，但更可贵的是，他不仅要以善者为师，而且以不善者为师，其中包含有深刻的哲理。他的这段话，对于指导我们处世待人、修身养性、增长知识，都是有益的。多向他人请教，做一个谦虚的人，不恃才自傲，不骄傲自大，这样才会取得更大的进步。

章言是某高校人力资源专业应届毕业生，他和另外几名毕业生进入了一家民营企业。在3个月的实习时间里，他们经历了理念培训、岗位操作等内容，大家都干得不错。

在结束实习前一个星期，章言等几名应届生，又被特别委任为临时“部门经理”。整整3天时间，他们必须“客串”部门经理，并承担所有工作职责。

起初，章言认为，自己的大学四年可不是白上的，一个行政部经理没什么难当的。可是，在他“上任”的3天时间内，公司就出了一个大漏洞：原本计划两天完成的管理软件升级，迟迟不见完工。调查之下，各方均有托词，技术部称人手不够，人力资源部称短时间不能招到新人，行政部居然未接到两方通报。待章言决定外聘软件公司进行升级时，他已从经理岗位卸任。

这样的情况在其他部门也是发生过。销售部的丽丽说：

“原以为学会卖东西、签合同就够了。但自己无论是模样外表，还是处世经验都太嫩了。”原来，丽丽在客串期间，多次陪经理参加客户宴会，深深领教了职场“太极”之道的高深。

这次打击给他们这几个自我感觉良好的年轻人带来了很大的触动。在会议总结的时候，他们终于明白了：人在职场，好高骛远、眼高手低只会栽跟头；虚心学习，积累提高，方是可取之道。

人的心就跟一个杯子似的。一杯水，倒掉多少，你就能装多少，倒掉得越多，装得越多。同样的道理，你的心永远处于不满的状态，才能容下更多的东西。这是一个高速发展的社会，你的不前进，就是一种落后；你的不谦虚，就是一种骄傲，骄傲的结果也是落后。

谦虚是一种修养，谦虚的人不自满，谦虚的人懂得接受批评，谦虚的人懂得请教他人。得意忘形，终会摔得很惨。谦虚做人，让你成就更上一层！有谦虚的态度，会让你收获颇丰，你会从每一件事情，每一个朋友身上学到更多的知识。

少年们，摒弃自负情绪，谦虚做人，虚心请教，我们需要学的还有很多。

1.态度决定一切

消极和积极的态度会带来截然不同的人生。那么，怎样保持一个积极的心态呢？第一，时间就是生命，珍爱生命，把握现在。第二，用一颗平常心看待事物。第三，洒脱一点，不要太在意过往。用积极的人生态度感染身边的每个人!

2.低调不张扬

低调做人，是一种品质，是一种修养，体现了人的一种宽阔的胸襟!保持低调的做人品格是对我们自身的一种考验!

3.放低姿态

人无高低贵贱之分，不论是做学问还是为人处世，都可谓是“术业有专攻”，没有谁高于谁。即便你身份地位优于他人，那也不代表你事事处于上风。如果能放低姿态，多去请教，那么你懂得的和学到的将会更多。

沉潜下来，做好自己该做的事

常言道，静水流深。很多时候，看起来奔腾喧嚣的水面下也许只是清浅的河底，而看起来非常平静的水面下反而隐藏着深不见底的深渊。人生也是如此，不要喧嚣于外，而是应该沉潜下来，做好自己该做的事情。现代社会的很多年轻人，总是浮躁有余，沉静不足。他们刚刚大学毕业，就想过上退休的生活，一方面不想付出努力，另一方面又想获得很高的薪水和很好的福利待遇，导致在找工作的时候只想怎么安逸怎么来。他们从未想过年轻是用来拼搏和努力的资本，相反，他们把年轻视为贪图享受和不努力的资本，从而自诩年轻就无限拖延，该做的事情也不去做，而是说自己还有很多的机会。不得不说，这样的行为表现完全是错误的。

人生，就应该静水流深，戒骄戒躁才能更加沉下心来去做很多事情。只有平静如镜的水面，才能倒映出月亮的影像，也只有平静的心，才能接受外界的全部信息，也才能保持良好的心态，拥有充实的人生。遗憾的是，如今整个社会都处于喧嚣的状态之中，很少有人能够真正沉下心来，感受生命的喜乐。绝大多数人对于人生都在无休止地抱怨，他们希望在人生之中收获更多，也渴望着从不理想状态中摆脱出来，获得更加光明的未来。不得不说，空想从来不能成就人生，只有脚踏实地地去想，坚持点点滴滴地做，才能在人生的状态之中拥有更大的进步和更多美好的、值得期许的未来。

从心理学的角度而言，浮躁的心态对于人生有百害而无一利。一个浮躁的人，很容易犯好高骛远、眼高手低的毛病。他们总是爱慕虚荣，时时处处都想和别人比较，却不能真正努力去做，拉近自己与他人之间的差距。他们总是争强好胜，却又把获得胜利的希望寄托在他人身上，而放纵自己去当一个只动口不动手的人。不得不说，这样的好逸恶劳、眼高手低，是人生进步的大敌。

少年们，生命中固然有奇迹发生，奇迹却从来不是从天而降的，就连机会也总是为有所准备的人准备的。那么从现在开始，就要脚踏实地，让自己随时保持最佳的状态，才能确立更高的目标。从容的人生自有从容的美，在遇到很多情况的时候都能做到气定神闲，镇定自若，也才能最大限度激发自身的力量，成就自我。

第09章

潇洒于世，从容潇洒的少年才会拥有岁月静好

岁月静好，是生活最美好的姿态

在这个世界上，每个人都在采取不同的生活方式，有的人慵慵懒懒，不愿意动起来，而有的人虽然每天都在四处奔波、忙忙碌碌，却只能抓住时间的尾巴，直到生命老去，他们才意识到居然还没有机会尽情地享受生活。实际上，每个人都希望人生拥有与众不同的成就，让自己出类拔萃，然而真正的生活告诉我们，粗茶淡饭、岁月静好就是生活最美好的状态。

就像埃及金字塔，虽然它的结构非常宏大，但是塔尖部分却很小。社会结构也是如此，在这个世界上，有太多的人都拥有才华，也有很多人生不逢时，没有好的机遇。然而，无论时代怎样变迁，处于金字塔顶端的人只是少数，大多数人都在金字塔的底部和中部。因此，作为普通人，我们完全无须抱怨，只有怀着一颗富足的心，我们才能对人生感到满足，也才能让人生有更好的发展和未来。

现实生活中，很多人都觉得人生是非常难熬的。用“熬”字来形容人生非常准确贴切，但是在真正对待人生的时候，我们却不能以“熬”字来作为人生的总结和概括，更不能将其作为对待人生的态度。尽管人生归根结底是熬过去的，但是我们却要怀着积极乐观的心境拥抱和面对生活，这样人生才会拥有更好的发展，也才会给予我们惊喜。

人们从呱呱坠地的时候开始，直到经过几十年的光阴离开世界，同样赤条条，无牵无挂。既然每一个人的生命都是向死而生，既然没有人能够逃离最终死亡的命运，那么我们对待人生就应该更加明智通达，更应该让自己的心放松，这样才能怀着博大的胸怀，勇敢地面对生活。正是在这样的过程中，我们才能不断地提升和完善自己，体会到人生更丰富的景色。记住，只有坚持不懈，人生才会变得与众不同，也只有从容淡定，人生才能岁月静好。

遗憾的是，现实生活中，很多人为了满足欲望，不断地追求更多的物质和金钱，还有名利。从本质上而言，人活着只需要很少的物质就能满足基本的生存所需，所以贪婪的是人的心，而并非生活需要太多的东西。在不断满足欲望和追求奢华的过程中，很多人渐渐失却了本性，忘却了初心，导致生活变得紧张不安，惶惶不可终日。在这种情况下，我们一定要调整好自己的心态，只有拥有平和从容的内心，这样人生才会更理智。

细心的少年们会发现，古往今来很多人无法享受人生的成功，就是因为他们不知道成功的意义何在。当他们不断追求物质，那么人生就会因为各种各样的事情而变得被动起来。所谓返璞归真，就是要戒除生活中的浮躁心态，从而寻找人生的本质。

古人云，养心莫善于寡欲，这句话告诉我们，一个人唯有降低自身的欲望，让自己的内心保持从容淡定，坚持简单朴素的生活，才能够陶冶情操，怡情怡性，让自己变得更加愉快。尤其是现代社会物欲横流，很多人已经彻底忘记了勤俭持家的传统，也忘记了要把自己的欲望降低，而是任由欲望驱使自己在人生的道路上奔波。任何时候，我们一定要以节俭让自身的品德变得更加高尚，也要以节俭让自己回归人生的本性。

少年们，虽然没有钱是万万不能的，但金钱也不是万能的。对于人生而言，我们唯有更加积极乐观地面对生活，确立人生的正确目标，不被物质的欲望驱使，才能在人生之中有更好的发展。面对人生，每个人最高的目标都应该是让人生更从容，这样人生才会更有意义，也才能够摒弃一切的物质束缚，摆脱毫无意义的一切。尤其在面对这个世界时，我们更要放下假面，从而让自己以真诚的心面对生活，也让自己在精神上更加富足。

凡事淡然，不苛求是幸福的前提

我们任何一个人都知道，人无完人，但对于生活，人们却不能以同样的心态面对，他们总是希望生活可以过得更好，总是认为自己可以获得更多，总是苛求生活。而很多不快乐的人，他们痛苦的来源就是“把自己摆错了位置”，总要按照一个不切实际的计划生活，总要跟自己过不去，总觉得生不逢时，机遇未到，所以整天闷闷不乐。而快乐的人明智地摆正了自己的位置，工作得心应手，生活有滋有味。因为他们懂得生活的艺术，知道适时进退，取舍得当。快乐把握在今天，而不是等待将来。事实上，如果我们每天可以做自己喜欢的事情，不在乎表面上的虚荣，凡事淡然，那么，快乐、幸福就会常伴我们左右。

唐代有一位丰干禅师，住在天台山国清寺。一天，他在松林漫步，山道旁忽然传来小孩啼哭的声音，他循声望去，原来是一个稚龄的小孩，衣服虽不整，但相貌奇伟。丰干禅师问了附近村庄人家，没有人知道这是谁家的孩子。丰干禅师不得已，只好把这小孩带回国清寺，等待家人来认领。因为他是丰干禅师捡回来的，所以大家都叫他“拾得”。

拾得在国清寺安住下来，渐渐长大以后，上座就让他做添饭的工作。时间久了，拾得也交了不少道友，其中有一个名叫寒山的贫子，相交最为莫逆，因为寒山贫困，拾得就将斋堂里吃剩的饭用一个竹筒装起来，给寒山背回去。

有一天，寒山问拾得：“如果世间有人无端地诽谤我、欺负我、侮辱我、耻笑我、轻视我、鄙贱我、厌恶我、欺骗我，我要怎么做才好呢？”

拾得回答道：“你不妨忍着他、谦让他、任由他、避开他、耐烦他、尊敬他、不要理会他。再过几年，你且看他。”

寒山再问道：“除此之外，还有什么处世秘诀，可以躲避别人恶意的纠缠呢？”

拾得回答道：“弥勒菩萨偈语说——老拙穿破袄，淡饭腹中饱，补破好遮寒，万事随缘了；有人骂老拙，老拙只说好，有人打老拙，老拙自睡倒；有人唾老拙，随他自干了，我也省力气，他也无烦恼；这样波罗蜜，便是妙中宝，若知这消息，何愁道不了？人弱心不弱，人贫道不贫，一心要修行，常在道中办。如果能够体会偈中的精神，那就是无上的处世秘诀。”

有人说寒山、拾得乃文殊、普贤二大士化身。台州牧闾丘胤问丰干禅师：“何方有真身菩萨？”意指丰干乃弥陀化身，惜世人不识，二人隐身岩中，人不复见。寒山、拾得二大士不为世事缠缚，洒脱自在，其处世秘诀确实高人一等。俗话说：“命里有时终须有，命里无时莫强求。”这句话对于每个人来说，蕴藏着无限的哲理与深意，要做到不为世事缠缚，洒脱自在，就不要对生活过分苛求。

我们都知道，世间万物、花花草草都有其一定的生长规律，人若也能顺应自己的能力和体力，不在自己力所不能及的事情上强出头，就能营造自己理想中的生活，做理想中的自我。而事实上，生活中有太多的完美主义者，他们对生活总是苛求的态度，他们对事物一味理想化的要求导致了内心的不满与紧张，因此，常常不能平和心态，追求完美的同时失去了很多美好的东西。

其实，事物总是循着自身的规律发展，即便不够理想，它也不会因为人的主观意志而发生改变。不完美的生活才是真实的，花开虽艳但迟早要败，燕舞虽美却秋来南飞。完美的生活只会让生命失去意义，失去真实，失去意气风发的自我。

所以，少年们，我们不能苛求自己的一切完美，要容许生活存在缺陷，容许自己犯错，不要总是为无可挽回的过去忏悔，我们只有接受自己的不完美，在不断自我的完善中去追求完美。

一颗平常心对待，要有从容不迫之态

吕坤在《呻吟语》中这样写道："在遭遇困难的时候，内心却居于安乐；在地位贫贱的时候，内心却居于高贵；在受冤屈而不得伸的时候，内心却居于广大宽敞，就会无往而不泰然处之。把康庄大道视为山谷深渊，把强壮健康视为疾病缠身，把平安无事视为不测之祸，那么你在哪里都不会安稳。"

忍耐是人生的常态，一个人如果做到宠辱不惊，不大悲大喜，那么无论遇到什么事情，他都能泰然处之：得意的时候，淡然坦荡；失意的时候，安之若素。在生活中，往往有许多不尽如人意的地方，所谓“世事常难遂人愿”。有时候，我们会遇到挫折、困难，心灵会陷入各种各样的困惑之中。达到成功的巅峰，满心欢喜；一旦失意，则会在失落中彷徨，陷入惆怅。虽然我们所处的环境对自己一生有着不可小视的影响，但是，只要我们保持宠辱不惊的心态，就能坦然面对生活本身，就有可能在失意时不被击倒，在得意时不至于从巅峰坠落。对于生活中的任何事情，都要以一颗平常心对待，学会忍耐，切莫大喜大悲。

几年前，王太太还过着风光无限的生活，住洋房，开跑车，有英俊潇洒的丈夫、乖巧懂事的女儿，那时候是她最幸福的时刻。可现在什么都变了，一切源于那次车祸。几年前的一天，王太太一家人驾车外出旅游，由于路面湿滑，发生了严重的交通事故。在事故中，只有王太太一个人活了下来，当知道丈夫和女儿都已离去的时候，她竭尽全力朝着墙壁撞去，心里不断地问老天：“为什么不带我一起走？为什么？这究竟是为什么？”摸着头上的血，她笑了，对身边的护士说：“上天不让我离去，肯定有理由，就让我代替他们活下去吧。”

康复后的王太太租了一间小屋，原来的积蓄在手术治疗中已经花光了。虽然心中感到很累，但王太太还是坚强地活了下去。找工作、交房租、买菜、做饭，生活中的每一件事都做得一丝不苟，那么从容。昔日的好友走进了她的家门，惊讶："以前你过惯了锦衣玉食的生活，如今你是怎么活下来的？你忍受得了吗？"王太太笑了笑，眼睛望着窗外，说道："人生的大悲大喜，我都经历过了，对于我来说，还有什么可怕的呢？还有什么不能忍受的呢？以后的我，需要就这样从容地活下去，不悲不喜，品尝最平淡的生活。"

从昔日锦衣玉食的生活，突然沦落到拮据不堪的生活，这样的心理落差是很大的，一个普通的人是难以忍受的。但懂得忍耐的王太太忍受下来了，而且通过这些事情领悟出许多人生道理：人生虽然有大起大落，大悲大喜，但只要学会了忍耐，凡事以宠辱不惊应对，那就会品味到生活最真实的滋味。

有人说："一个懂得忍耐的人，他没有不满，没有怀疑，没有嫉妒，没有牢骚，没有抱怨，没有恐惧，不悲不喜。"

少年们，很多时候，我们的压力与不快乐是因为自己拥有的东西太少，而奢望太多。得意时的轻狂，失意时的沮丧，常常令我们陷入悲与喜的纠葛之中。人生在世，更要学会忍耐，从容不迫，在沉迷时清醒，在贪求时淡泊，对任何事情，拿得起，放得下，宠辱不惊，看庭前花开花落。

内心豁达，调整好对待生命的态度

前几年，随着《非诚勿扰》的热播，江苏卫视的主持人孟非也在全国观众面前获得了更高的知名度，同时赢得了很多观众的喜爱。尤其是在和乐嘉一起主持《非诚勿扰》期间，他们更是凭着聪明睿智、幽默风趣的语言和彼此间机智的互动，圈粉无数。孟非后来还写了畅销书《随遇而安》。实际上，很多读者和观众朋友在听到“随遇而安”这四个字的时候，内心是有疑虑的：不都主张人生应该努力奋斗和争取吗？怎么又变成随遇而安了呢？的确，人生是需要奋斗和拼搏的，但是也要随遇而安，因为人生的境遇并不相同，甚至随着时间的流逝而不停地改变，所以我们也要调整好对待生命的态度，这样才能豁达从容，让人生豁然开朗。

在西方国家，有一句谚语，大概的意思是，面对同一件事情，有的人能够想得开，就仿佛进入了天堂，而有的人根本想不开，就相当于进入地狱。的确，人们常说，心若改变，世界也随之而改变，这句话其实是很有道理的。在大多数情况下，人生的悲喜就在一念之间，因而学会转变，对于每一个渴望获得幸福人生的人至关重要。

现实生活中，有太多的人因为一些不值一提的小事情就陷入苦恼之中，他们非常痛苦，内心郁郁寡欢，也因此抱怨命运不公平，抱怨外界的一切。殊不知，外部的很多事情是无法改变的，最重要的是改变自己的心情，调整自己的心态。也有一些人始终活在过去之中，对已经成为历史的一切感到不满，也因此而让自己陷入生存的困境无法自拔，例如鲁迅笔下的祥林嫂。实际上，过去已经不可改变，如果一味地沉浸在过去的痛苦之中，就连当下也错过了。最重要在于，要从过去中摆脱出来，要勇敢地面对现在，也要全力以赴地过好将来，这样才是真正珍惜时间、把握人生的表现。正如西方国家的一句谚语所说的，不要为打翻的牛奶哭泣。人生之中，有太多的牛奶已经失去，那么就要珍惜正在把握和即将到来的一切，这样才能最大限度激发人生的力量，也才能全力以赴把握和充实人生。

很多人都因为人生有遗憾而感到惋惜，却不知道没有遗憾的人在这个世界上根本不存在。要想获得幸福的人生，并不取决于你拥有多少，而取决于你的心是否宽容和豁达，是否能够从容地接纳不完美，这才是切实关系到幸福人生的要素之一。

夏天来了，师父对小徒弟说："种草吧，看着绿茵茵的草地，多么赏心悦目！"小徒弟却拖延道："师父，天气太热了，等到天气凉一些再播种吧！"师父毫不迟疑地说："随时！"

然而，小徒弟还是无动于衷。眼看着天气冷了，进入中秋，师父又提醒小徒弟："可以种草了！"小徒弟看着落叶满天飞，秋风飒爽，对师父说："师父，风这么大，草种撒下去，马上就会被吹得不知所终，又因为干旱少雨，也有可能被鸟儿吃掉吧！”师父说：“随性！”

小徒弟无奈，只好把草种都撒下去，果然，鸟儿马上就发现了草种，来吃草种。小徒弟很着急，拿着扫帚驱赶鸟儿，又对师父说：“师父，你看我说的对吧，草种都快被鸟儿吃光了！”师父笑了笑，不以为然，说：“随遇！”小徒弟还是很心疼草种，因而一整天都在拿着扫帚驱赶鸟儿，累得气喘吁吁。

次日，小徒弟早早起床，准备继续驱赶鸟儿，起床打开房门一看，不由得带着哭腔说：“师父，这下子彻底完了，昨夜突降大雨，草种子都被大水冲走了！”师父睁开惺忪睡眼：“随缘！”

十几天过去，小草开始发芽，小徒弟惊喜地发现，院子里依然留下了很多草种子，在他播种的地方，开始有新绿冒出来，更让他惊喜的是，在他播种的时候没有照顾到的边边角角，居然也冒出新绿。他惊喜地告诉师父：“师父，整个院子里每一个角落里都有草，比我播种的时候覆盖了更大的面积。”师父笑着说：“随喜！”

随时、随性、随遇、随缘、随喜，这些体现了师父超脱的心境。小徒弟因为修炼不够，所以还因为外界的这些事情而情绪起伏不定，但是作为师父，却始终很淡然达观。现实生活中，很多人都和这个天真无邪的小徒弟一样，心随境转，心情因为外界事物的发生而不停地改变。实际上，他们所要做的正是让自己变得豁达，不以物喜，不以己悲，这样才能最大限度调整好心态，也从容地享受人生。

少年们，常言道，进一步万丈危崖，退一步海阔天空。任何时候，都不要因为客观外物的改变而随时改变心情，心不变，才能以静应付外界的动，才能从容地调整好心情，应对外界的各种急促改变。记住，人生从来不在一时，而在于一生一世。因此，只有宽容豁达的人才能真正地掌控人生，主宰自我，也从容地驾驭命运。

坦然接受现实，才能成为命运的主人

虽然我们总是把“一帆风顺”“万事如意”等美好的祝福语挂在嘴边上，但是我们真的很难拥有顺风顺水的人生。大多数人都只有经历坎坷和挫折，最终才能守得云开见月明。也不排除有些人一生始终磕磕绊绊，遭遇苦难几乎已经成为生活的常态。在这种情况下，我们应该一味地逃避现实，祈祷顺遂的人生到来，还是勇敢地面对和接受现实呢？大部分人都会选择前一种做法，但是真正正确的做法却是后者。

命运的力量是强大的，尽管我们经常说要成为命运的主宰，但却首先应该掌握与命运的相处之道。当你与命运背道而驰，命运让你往东，你偏偏要往西，在此过程中还不停地自欺欺人的话，那么你一定会被命运更加残酷地纠缠，直到你筋疲力尽彻底屈服为止。我们的确要改变命运，成为命运的主宰，但是这么做的前提是接受和顺应命运，从而找到与命运的最佳相处方式。如果你总是不能接受现实，那么你一定会被痛苦纠缠住，甚至为此寝食难安、焦虑不已。相反，如果你接受现实，坦然面对命运的安排，从而再心平气和地寻找征服命运的最好方式，则成功的概率会提高很多。

最近，人到中年的马霞有了失眠的症状。也许是因为思念去外地读大学的女儿，也许是因为惦记着工作上的评优，也许是因为失去了最爱她的母亲。总而言之，马霞身体各个方面都不对劲了。最让她难以忍受的还是失眠。

从最开始的必须凌晨两三点极度困倦才能入睡，到后来的彻夜难眠，马霞终于在老公的劝说下去看心理医生。在得知马霞的症状后，心理医生说："你不要排斥失眠。比如说，你失眠的时候不要躺着数山羊，更不要心急如焚地想要入睡。你可以起床看看书，或者做点儿什么事情，等到困倦的时候再睡。"马霞惊讶地问："看看书或者做做事，岂不是更加睡意全无了么！"心理医生笑着说："是啊，反正你本来也睡不着，睡意全无又有什么关系呢！你不要与自己的身体对抗，只有你接纳和包容身体的各种反应，它才会恢复平静，变得顺服。"虽然觉得心理医生说的话没有道理，但是备受失眠煎熬、寝食不安的马霞，还是决定试一试。

当天晚上，再次瞪着眼睛无法入睡的马霞没有强迫自己闭目养神，因为无数次尝试让实那样只会让脑细胞更活跃。她按照心理医生说的，拿起一本书看了起来，直到晨光出现，她才因为不停地打哈欠停止看书，开始睡眠。果不其然，她只花了几分钟时间就顺利入睡了。有了这次成功的经验之后，马霞再也不逢人便说自己失眠了。她把失眠当成了理所当然的事情，认定自己原本就该凌晨入睡。如此一段时间之后，马霞的失眠症状消失了，她也不再焦虑不安了。

马霞因为接受了失眠，所以失眠不治而愈了。其实，很多人的失眠之所以日益严重，就是因为他们从心底里排斥和抵触失眠，因而也更加烦躁不安，焦虑不已。如果能够像拥抱自己的兴趣爱好一样拥抱失眠，那么他们就不会为此焦虑不安，也就能够成功缓解自身的失眠症状。

少年们，不管是对于失眠，还是我们身体的其他症状，抑或是我们的生活中出现的很多困境，我们都只有坦然接受，勇敢面对，才能了解它们，找到最佳的解决办法。既然痛苦不会因为我们的焦虑而减轻分毫，那么我们完全有理由拥抱痛苦，最大限度地与痛苦和谐相处，直到彻底消除痛苦。

第10章

控制欲望，陷入贪欲中只会迷失自我

贪婪，是内心浮躁的罪魁祸首

现代社会物质极大丰富，人们也陷入欲望的沟壑，被欲望的洪流带领着浮浮沉沉，甚至失去人生的方向。在欲望极度膨胀的今天，有的人变得极为贪婪，再也没有了单纯善良和纯粹美好。那么，这样被物质裹挟着的生活真是如你所愿吗？你是否也曾想要逃进深山，过一过那种清心寡欲的日出而作，日落而息的生活？实际上，内心的浮躁并非外界的吵吵嚷嚷造成的，而是因为我们自身的贪婪。

人的贪婪驱使着自己想要拥有更多的金钱权势、想要住更大的房子、开更好的车……然而，在生命面前，这一切身外之物都是浮云。等到有朝一日你虽然腰缠万贯，却失去健康和青春，你才会意识到金钱权势是多么的苍白无力，然而此时为时晚矣。与其等到不能挽回时再陷入无限的懊悔，不如从现在开始就豁达一些，努力成为欲望的主人，而不要当欲望的奴隶。唯有如此，我们才能从容地享受生活。

作为一名在艺术学院读书的大四学生，丽丽看起来简直像个贵妇人，而不是一个清纯简朴的学生。早在大一的时候，她就开始谈男朋友。因为自身家里条件不错，再加上男朋友是富二代，

所以丽丽很快褪去青涩，成为班级里乃至全校最时髦的学生。

她几乎每天都在尝试不同的打扮，有的时候是清纯的学生风、有的时候是奢华的贵妇风，有的时候是知识女性的精明干练、有的时候是青春少女的妩媚多姿。总而言之，丽丽有很多华丽的服装，化妆品更是堆满了柜子。每当听到同学们艳羡的话语，丽丽总是觉得极度满足，尤其是当走在校园里招引很多人瞩目时，她更是沾沾自喜。就这样，丽丽越来越膨胀。她不但要求男友为她买昂贵的衣服和化妆品，居然在这次生日的时候提出让男友送她一个LV的包包。尽管男友挥金如土，也未免觉得LV包对于他们的学生身份而言太夸张，为此他拒绝了丽丽的要求。

一个偶然的机会，丽丽认识了一个社会上的成功男士。这个男士是一家上市公司的老总，家里有老婆，外面还有情人，但是却非常大方，居然送了一辆豪华跑车给丽丽。在重金的诱惑下，丽丽答应了这位男士的请求，开始与其交往，并且住进了他位于郊外的别墅。接下来的生活里，丽丽更加一掷千金，当然，代价就是成为那位成功男士的金丝雀。眼看着大学毕业，很多同学都进入歌舞团、影视公司发展，丽丽却成为被圈养的小鸟，再也飞不起来了。

丽丽为了满足自己不断膨胀的欲望，最终选择放弃事业的发展，成为一个金丝雀，被人圈养起来。这样的结局未免让人扼腕叹息，因为人生最美好的年华也不过就是那么几年，岂是金钱可以估价的呢！

欲望的邪恶力量让人们迷失本心，忘却初心，一味地只想不劳而获。尤其是对于物质的欲望，就像是个无底深渊，如果不能合理控制自己的欲望，那么不管多少金钱和物质都无法填满这个大洞，我们最终也会无限沉沦下去。看看如今越来越繁荣火爆的奢侈品市场吧，我们就知道有多少人被欲望驱使。还记得《渔夫和金鱼》的故事吗？如果不是故事中的老太婆那么贪婪，也许他们就能摆脱悲惨的命运，住上豪华的房子，享用美味的食物，还有佣人贴心的伺候。然而，欲望就像一个肥皂泡，在老太婆不停地吹大这个肥皂泡之后，突然就破灭了。

少年们，要想让欲望成全生活，我们就必须合理控制欲望，使我们本身保持在理智和清醒的状态中。

知足常乐，不要让贪欲掌控自己

中国人常说“欲望无止境”，孔子也曾说过一句很有名的话：“富与贵，是人之所欲也，不以其道得之，不处也。贫与贱，是人之所恶也，不以其道去之，不去也。”意思是：富贵是每个人都想要的，但如果不是用光明的手段得到的，就不要它。贫贱是每个人所厌恶的，但如果不是以正大光明的手段摆脱的，就不摆脱它。也就是说，我们每个人都有追求成功和幸福的欲望，但不能被欲望所控制。

不管你是在温室中成长，还是在困苦中挣扎，欲望都会存在于你的心中。欲望可以成为我们的信念，支撑我们渡过难关，但是欲望也像毒品，容易上瘾。

我们只有常常心怀感恩，感谢生活，才能收起贪婪的心，活出精彩人生！

曼谷的西郊有一座寺院，因为地处偏远，香火一直非常冷清。

原来的住持圆寂后，索提那克法师来到寺院做新住持。初来乍到，他绕着寺院四周巡视，发现寺院周围的山坡上到处长着灌木。那些灌木呈原生态生长，树形恣肆而张扬，看上去随心所欲，杂乱无章。索提那克找来一把园林修剪用的剪子，不时去修剪一棵灌木。半年过去了，那棵灌木被修剪成一个半球形状。

僧侣们不知住持意欲何为。问索提那克，法师却笑而不答。

这天，寺院来了一个不速之客。来人衣衫光鲜，气宇不凡。法师接待了他。寒暄，让座，奉茶。对方说自己路过此地，汽车抛锚了，司机现在修车，他进寺院来看看。

法师陪来客四处转悠。行走间，客人向法师请教了一个问题：“人怎样才能清除掉自己的欲望？”

索提那克法师微微一笑，折身进内室拿来那把剪子，对客人说：“施主，请随我来！”

他把来客带到寺院外的山坡。客人看到了满山的灌木，也看到了法师修剪成型的那棵。

法师把剪子交给客人，说道：“您只要能经常像我这样反复修剪一棵树，您的欲望就会消除。”

客人疑惑地接过剪子，走向一丛灌木，咔嚓咔嚓地剪了起来。

一壶茶的工夫过去了，法师问他感觉如何。客人笑笑：“感觉身体倒是舒展轻松了许多，可是日常堵塞心头的那些欲望好像并没有放下。”

法师颔首说道：“刚开始是这样的。经常修剪就好了。”来客走的时候，跟法师约定他十天后再来。

法师不知道，来客是曼谷最享有盛名的娱乐大亨，近来他遇到了以前从未经历过的生意上的难题。

十天后，大亨来了；十六天后，大亨又来了……三个月过去了，大亨已经将那棵灌木修剪成了一只初具雏形的鸟。

法师问他，现在是否懂得如何消除欲望。

大亨面带愧色地回答说：“可能是我太愚钝，眼下每次修剪的时候，能够气定神闲，心无挂碍。可是，从您这里离开，回到我的生活圈子之后，我的所有欲望依然像往常那样冒出来。”

法师笑而不言。

当大亨的“鸟”完全成形之后，索提那克法师又向他问了同样的问题，他的回答依旧。

这次，法师对大亨说：“施主，你知道为什么当初我建议你来修剪树木吗？我只是希望你每次修剪前，都能发现，原来剪去的部分，又会重新长出来。这就像我们的欲望，你别指望完全消除。我们能做的，就是尽力把它修剪得更美观。放任欲望，它就会像这满坡疯长的灌木，丑恶不堪。但是经常修剪，就能成为一道悦目的风景。对于名利，只要取之有道，用之有道，利己惠人，它就不应该被看作是心灵的枷锁。”

大亨恍然大悟。

此后，随着越来越多的香客的到来，寺院周围的灌木也一棵棵被修剪成各种形状。这里香火渐盛，日益闻名。

的确，我们心中的欲望，有时就像树木长出的枝蔓，稍不留神就一个劲地疯长，遮盖了我们的视野，甚至连心灵的光明也被淹没了，只有不断修剪，才能让我们的眼界豁然开朗！

少年们，我们都是平凡的人，虽然平凡，我们也依然可以追求不平凡的生活，只要经常修剪自己的欲望，去除贪婪之心，任何环境中的人，都可以走向成功。

要掌控欲望，而不是成为欲望的奴隶

一位准新娘被选中参加超市一个小时免费买的活动，即一个小时里能买多少就是多少，无须付款，只要能装入购物车推出超市，选中的东西就完全归这个准新娘所有。遗憾的是，这个准新娘貌似过于理智了，思来想去，只选购了一些结婚需要的东西，一个小时才装满了三辆购物车。在这则新闻下面，大家的讨论非常激烈。有人说可以抢购酒水和巧克力，有人说可以买一些化妆品，有人说要是可以买家用电器就好了。从大家激烈的讨论中不难看出，每个人都有着满满的欲望，尤其是在听说东西不要钱的时候，更是恨不得在一个小时之内就把超市搬回家。

有人说，欲望就像海水一样，喝得越多，越是感到口渴难忍。的确，欲望如果不加节制，就会导致人们陷入欲望的深渊，变得更加贪婪。而当我们的心被欲望蒙蔽时，我们便会失去理性，甚至在不知不觉中掉入陷阱。前段时间，电视台曝光有个老太太的房子被人骗去卖掉了，骗子只是告诉老太太：“只要把房产证放在我们这里，你每个月就能得到一万元钱。”一听到天下居然有这样的好事，老太太马上失去理智，把房产证交给骗子，此后还和骗子去公证处签字。老太太甚至对自己签字的内容连看都没看，她不知道的是，她签字的文件是房产全权委托协议书，她签字之后，骗子就有权利全权处理她的房产了。直到家里的东西都被人搬出来放到大街上，老太太才意识到被骗了，却为时晚矣。看到这则新闻，我们在憎恶骗子狡诈的同时，也不由得反思：老太太怎么就那么容易受骗呢？归根结底，是老太太被欲望蒙蔽了眼睛和心智，所以根本无法作出理智的思考和选择。

少年们，任何时候，我们都必须牢记，世界上也根本没有免费的午餐。如果我们能坚定不移地坚守做人的原则和底线，不随随便便占他人的便宜，不接受莫名其妙的好处，那么我们受骗的概率一定会大大降低。有人说，人在降临人世的时候总是握紧拳头，似乎在向全世界宣告：世界是我的。还有人说，人们在离开这个世界的时候，手掌心是完全摊开的，似乎在说：看吧，我没有带走任何东西。

其实，我们握紧手掌的时候，只能得到手掌心里的方寸世界，而当我们摊开手掌心的时候，我们却握住了整片天空。所以明智的朋友从来不奢望得到全部，他们只管努力，在自己的能力范围内得到更多的满足。

很久以前，有个乞丐每天都在风吹雨淋地乞讨。他乞讨的地点是在商场门口，看着每日里商场中川流不息的人们全都光鲜亮丽，看起来趾高气扬，他情不自禁地想："假如我有两万元钱，我一定租个房子住，然后像正常人一样上班，养活自己。"

一天，天色很晚了，乞丐发现有一只非常漂亮的小狗在商场门口徘徊，似乎找不到自己的主人了。乞丐四顾无人，赶紧抱起小狗，回到自己存身的桥洞中。次日，乞丐又和往常一样去乞讨，发现商场门口张贴了很多告示。原来，这只小狗的主人是一个大富翁，发现小狗丢失，大富翁马上悬赏两万元寻找小狗。乞丐怦然心动：才丢失一天，大富翁就愿意出两万元找到小狗，要是我再拖延几天，大富翁也许会把酬金提高呢！果不其然，第三天，大富翁的酬金增加到四万，还在电视台和报纸上刊登了寻狗启事。乞丐幻想着大富翁有朝一日能把酬金提高到十万，因而还是按兵不动，每天都密切关注大富翁的寻狗启事。这一天，大富翁真的把酬金提高到了十万，乞丐赶紧跑到桥洞里去抱小狗，这才发现原本娇生惯养的小狗已经饿死了。原本乞丐可以轻而易举得到两万元，甚至四万元、五万元、六万元……然而，因为贪婪，他最终等到了十万元的酬谢承诺，却把小狗给饿死了。

对于任何人而言，欲望是深渊，也是火山。稍不留神，我们就会被欲望伤得遍体鳞伤，也有可能陷入欲望的泥沼，无法自拔，更有可能被欲望之烈火灼烧，失去自我。其实，很多人对于人生的追求就在于寻找幸福，而幸福并没有绝对的标准，只在于人内心的感受。

常言道，人心不足蛇吞象，这句话是非常有道理的。一个人要想主宰自己的命运，就要努力控制欲望，成为欲望的主人，切勿被欲望淹没。

少年们，要想拥有从容淡然的人生，我们就要沉住气，拥有宁静平和的心。所谓心静自然凉，我们唯有保持内心的沉稳，才能拥有坦然自若的人生。

欲望是你内心的魔鬼，束缚你前行

人生就是一次奇怪的旅程，有的人跌跌撞撞，在人生中迷失了方向；有的人怡然自乐，微笑面对生活，最终把握了人生的幸福。也许，你会感到疑惑，怎么会出现这样迥然不同的局面？因为，在人生的旅途中，除了美丽的风景，还有很多的诱惑，而每个人内心都有一个魔鬼，那就是欲望。当那些诱惑出现在你面前，就会激发你内心的欲望，为了满足内心的欲望，你会奋不顾身、倾尽一切，极力追求，所以，你会在人生的路上跌跌撞撞，找不到失去的自我，痛苦地煎熬着。

每个人都有这样或那样的欲望，有的人喜欢权力，有的人喜欢金钱，有的人喜欢幸福，有的人渴望快乐。在他们的生活中，缺少什么他们就渴望什么，而且这样的欲望是惊人的。因为欲望本身就是难以满足的，不断地循环下去，欲望越滚越大，扭曲了内心，他成为欲望的奴隶。欲望无边境，一切适可而止吧。

于连出生在小城维立叶尔郊区的一个锯木厂家庭，从小身体瘦弱，在家中被看成不会挣钱的不中用的人，经常遭到父兄的打骂和奚落。卑贱的出身使他常常受到社会的歧视，好在从小他就聪明好学，在一位拿破仑时代老军医的影响下，他崇拜拿破仑，幻想着通过“入军界、穿军装、走一条红”的道路来建功立业、飞黄腾达。

14岁时，于连想借助革命建功立业的幻想破灭了。这时他不得不选择“黑”的道路，幻想进入修道院，穿起教士黑袍，希望自己成为一名“年俸10万法郎的大主教”。18岁时，于连到了市长家中担任家庭教师，而市长只将他看成拿工钱的奴仆。在名利的诱惑下，他开始接触市长夫人，并成为市长夫人的情人。

后来，与市长夫人的关系曝光之后，他进入贝尚松神学院，投奔了院长，当上了神学院的讲师。后因教会内部的派系斗争，彼拉院长被排挤出神学院，于连只得随彼拉来到巴黎，当上了极端保皇党领袖木尔侯爵的私人秘书。他因沉静、聪明和善于谄媚，得到了木尔侯爵的器重，以渊博的学识与优雅的气质，又赢得了侯爵女儿玛蒂尔小姐的羡慕，尽管他不爱玛蒂尔，但他为了抓住这块实现野心的跳板，竟使用诡计占有了她。得知女儿已经怀孕后，侯爵不得不同意这门婚事。于连因此获得一个骑士称号，一份田产和一个骠骑兵中尉的军衔。于连通过虚伪的手段获得了暂时的成功。但是，尽管他为了跻身上层社会用尽心机，不择手段，然而最终功亏一篑，付出了生命的代价。

有人说，于连的性格特征具有两面性。于连最后在狱中也承认自己的身上实际有两个“我”：一个我“追逐耀眼的东西”，另一个我则表现出“质朴的品质”。在追逐名利的过程中，真实的于连与虚伪的于连互相争斗。当然，他本人内心也是异常痛苦的。因不断地追求名利，他感到心力交瘁。

欲望就像毒品，是会上瘾的，当你一次得到满足之后，就会不断地想要更多的欲望，那根本就像一个无法填满的无底洞。当然，每个人都有一定的欲望，这是正常的，可以促使我们不断地奋进，也是一种自我肯定。但是，如果你的欲望过于强烈，就不再是对自己的肯定，相反会进而否定或忽视别人的存在。人被欲望所控制着，成为欲望的奴隶。学会放下欲望的人是自由的，因为没有了禁锢，也没有了烦恼。也许，在你的心中也会有种种的欲望，或金钱，或权力，但是，如果你要想赢得自己的人生、赢得幸福，那就放下欲望，适可而止。

谁也不记得欲望是怎么来的，它似乎是人类与生俱来的天性。即便是一个刚刚诞生的小生命，随着时间的推移，欲望也会在他身上不断地演变和累积。有物质上的衣食住行，有精神上的尊重、认可、快乐、自信、幸福、自由，这些不同的欲望在不同的时间、不同的地点、不同的人身上尽情表演着，构成了多彩纷呈的世界，点缀了千姿百态的人生。

人类是欲望的产物，而生命则是欲望的延续，人不可能没有欲望。欲望也不会停止，它会伴随着人的一生。欲望的存在是无可厚非的，但是，人类是高级动物，控制自己的欲望，甚至放下自己的欲望，这也是可以做到的。一个人就像是一条欲望的溪流，它流淌的不是溪水，而是人的各种欲望。

少年们，欲望如水，能载舟，亦能覆舟，就看你如何去对待了。很多时候，我们抱怨生活太痛苦，其实就是内心的欲望无形之中为自己戴上了枷锁，禁锢了自己的自由与生命。那么，当你感到沉重的时候，不妨放下内心的欲望，跨越生命，赢得自己的人生。

要有所追求，但凡事皆有度

人生，一定是要有追求的。没有追求的人生，就像是失去航向的船只，最终不知所终。通常情况下，追求越明确，越容易对我们的人生起到指引的作用。然而，所有追求的目标都一定能实现吗？事实并非如此。有些幸运的人能够实现自己所追求的目标，但是有些人虽然非常努力，却未必能够实现目标。古人云，天时地利人和。如果在客观条件不足的情况下，却一味不择手段地想要实现自己所追求的目标，就未免有些过于执着，也会使事情朝着糟糕的方向发展。

凡事皆有度，追求也是如此。当追求过度时，就不再对我们的人生起到积极正向的引导作用，而会导致正常的追求变成贪欲，反而事与愿违。现代社会物质极度丰富，很多人都喜欢与他人攀比。例如，同事家换大房子了，那么原本三口人住着三居室的你也要马上借钱换房；同事买车了，虽然你家距离单位步行不超过5分钟，但是车却是不能不买的；闺蜜买了一条名贵的项链，你怎么能光溜着脖子参加聚会呢，也必须去买一条……说起项链，我们未免想起莫泊桑笔下的《项链》，那串借来的项链给马蒂尔德原本平凡的一生带来了巨大的改变。这就是所谓的过度追求，给我们带来的负面影响。毫无疑问，人们追求更高品质的生活是没有任何错的，错就错在有些追求必须有止境，不能无限制地去纵容。过度追求不但会让我们变得贪婪，使我们陷入贪欲的深渊，也会导致我们因此而变得焦虑不安。试想，你的心里有一个永不满足的黑洞，让你总是觉得亏空，你又如何得到幸福和满足呢！

少年们，追求是我们人生不断向前的动力，也是导致我们疲惫不堪的原因。因而，我们在追求很多事物的同时，必须仔细斟酌这些东西是不是我们真心想要的。如果我们盲目地追求一切美好的事物，而不根据自身的负重情况适当舍弃，我们的脚步必然越来越沉重迟缓，我们的人生也必然失去跳跃的能力。

人生总是这样，有舍有得，只有舍弃，才能得到。很多时候，我们迫不及待想要得到一切美好的事物，最终却发现这些事物并不完全符合我们的需要。为了这些并不是真正需要的东西而耗费有限的生命和精力，岂非得不偿失。如此想来，我们应该把有限的生命投入到真正的追求中去，才能拥有更加充实的生命。

过多的追求，不但分散我们的精力，耗费我们的生命，而且会给我们带来莫名其妙的焦虑。因为眼睛总是盯着远方的追求，我们往往忽略了身边的美好，从而变得浮躁，无法真正静下心来享受生活。

少年们，当我们因为焦虑而辗转反侧、彻夜难眠时，不如放下不那么急迫的目标，欣赏路边的美景吧。哪怕只是一株野草或者一朵小花，也是竭尽全力地绽放的。

参考文献

[1]文柯.左右一生的性格课[M].武汉：武汉出版社，2012.

[2]文德.性格决定命运[M].北京：中国华侨出版社，2018.

[3]启航.性格决定命运，气质改变人生[M].北京：华文出版社，2019.

[4]邹宏明.性格心理学[M].福州：鹭江出版社，2015.